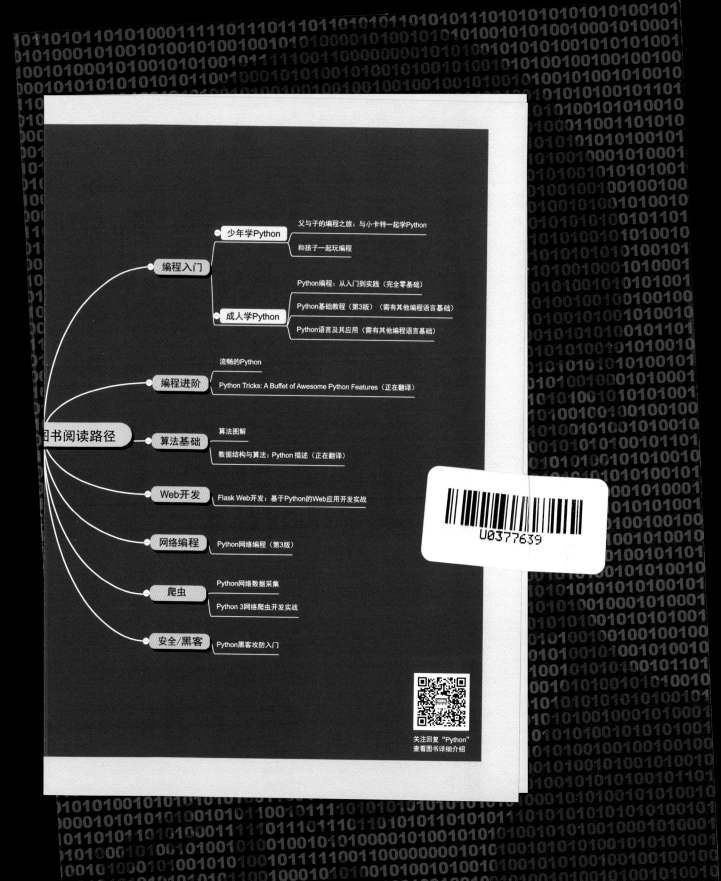

图书阅读路径

编程入门
- 少年学Python
  - 父与子的编程之旅：与小卡特一起学Python
  - 和孩子一起玩编程
- 成人学Python
  - Python编程：从入门到实践（完全零基础）
  - Python基础教程（第3版）（需有其他编程语言基础）
  - Python语言及其应用（需有其他编程语言基础）

编程进阶
- 流畅的Python
- Python Tricks: A Buffet of Awesome Python Features（正在翻译）

算法基础
- 算法图解
- 数据结构与算法：Python描述（正在翻译）

Web开发
- Flask Web开发：基于Python的Web应用开发实战

网络编程
- Python网络编程（第3版）

爬虫
- Python网络数据采集
- Python 3网络爬虫开发实战

安全/黑客
- Python黑客攻防入门

关注回复"Python"
查看图书详细介绍

U0377639

TURING

图灵教育

站在巨人的肩上

Standing on the Shoulders of Giants

图灵程序设计丛书

Mastering Python Design Patterns, Second Edition

精通Python设计模式
（第2版）

[法] 卡蒙·阿耶娃　　[荷] 萨基斯·卡萨姆帕利斯◎著

葛言◎译

人民邮电出版社

北 京

图书在版编目（ＣＩＰ）数据

精通Python设计模式 ：第2版 ／（法）卡蒙·阿耶娃
(Kamon Ayeva)，（荷）萨基斯·卡萨姆帕利斯
(Sakis Kasampalis) 著；葛言译. -- 2版. -- 北京 ：
人民邮电出版社，2020.1
　（图灵程序设计丛书）
　ISBN 978-7-115-52686-1

　Ⅰ．①精… Ⅱ．①卡… ②萨… ③葛… Ⅲ．①软件工
具－程序设计 Ⅳ．①TP311.561

　中国版本图书馆CIP数据核字(2019)第271642号

内 容 提 要

　　Python是一种面向对象的脚本语言，设计模式是可复用的编程解决方案，二者在各种现实场景中应用都十分广泛。本书是针对 Python 代码实现设计模式的经典作品，着重讨论了用于解决日常问题的所有 GoF 设计模式，它们能帮助你构建有弹性、可伸缩、稳健的应用程序，并将你的编程技能提升至新的高度。第 2 版探讨了桥接模式、备忘模式以及与微服务相关的几种模式。

　　本书适合中级 Python 开发者以及没有设计模式相关知识的读者阅读。

◆ 著　　[法]卡蒙·阿耶娃 [荷] 萨基斯·卡萨姆帕利斯
　　译　　　 葛 言
　　责任编辑　张海艳
　　责任印制　周昇亮

◆ 人民邮电出版社出版发行　　北京市丰台区成寿寺路11号
　　邮编　100164　 电子邮件　315@ptpress.com.cn
　　网址　http://www.ptpress.com.cn
　　廊坊市印艺阁数字科技有限公司印刷

◆ 开本：800×1000　1/16
　　印张：11.5　　　　　　　2020年1月第 2 版
　　字数：272千字　　　　　2025年1月河北第 5 次印刷
　　著作权合同登记号　图字：01-2018-8912号

定价：49.00元
读者服务热线：(010)84084456-6009　印装质量热线：(010)81055316
反盗版热线：(010)81055315
广告经营许可证：京东市监广登字 20170147 号

版 权 声 明

仅以此书献给我的父母 Paul Nassourou Ayeva 和 Catherine Ayeva，感谢他们一直以来的支持与教导，是他们教会了我"全力以赴"。同时将此书献给我的女儿 Tiyi。

感谢在 Packt 工作的勤劳友好的合作团队，他们带给了我愉快的合作体验。

——卡蒙·阿耶娃

前　言

Python 是一种面向对象的脚本语言，应用十分广泛。在软件工程领域，设计模式意为解决软件设计问题的方案。虽然设计模式的概念已经存在了一段时间，但它仍是软件工程领域的热门话题。设计模式能为软件开发人员提供优质的信息源，以解决他们经常碰到的问题。

本书将介绍各种设计模式，并辅以现实生活中的例子进行讲解。你将掌握 Python 编程的底层细节与概念，与此同时，你并不需要关注 Java 与 C++中对相同问题的常用解法。你也会阅读到有关修改代码、最佳实践、系统架构及其设计等方面的章节。

本书将会帮助你学习设计模式的核心概念，并用其解决软件设计问题。我们将着重讨论"四人组"（GoF，Gang of Four）的设计模式——一些用于解决日常问题的设计模式的统称。它们能通过有效的响应式模式，帮助你构建有弹性、可伸缩、稳健的应用程序，并将你的编程技能提升至新的高度。阅读完本书后，你将能高效地开发应用，并解决常见的问题。同时，你也能够轻松地处理任何规模的可伸缩、可维护的项目。

读者对象

本书适合中级 Python 开发者阅读。没有设计模式相关知识的读者同样可以畅快地阅读本书。

本书内容

第 1 章"工厂模式"介绍如何使用工厂设计模式（工厂方法和抽象工厂）来初始化对象，并说明相较于直接实例化对象，使用工厂设计模式的优势。

第 2 章"建造者模式"对于由多个相关对象构成的对象，介绍如何简化其创建过程。

第 3 章"其他创建型模式"介绍如何用一些技巧解决其他对象创建问题，如使用原型模式，通过完全复制（也就是克隆）一个已有对象来创建一个新对象。你也会了解到单例模式。

第 4 章"适配器模式"介绍如何以最小的改变实现现有代码与外来接口（例如外部代码库）的兼容。

第 5 章"装饰器模式"介绍如何在不使用继承的情况下增强对象的功能。

第 6 章"桥接模式"介绍如何将一个对象的实现细节从其继承结构中暴露给其他对象的继承结构。这一章鼓励你进行组合而非继承。

第 7 章"外观模式"介绍如何创建单个入口点来隐藏系统的复杂性。

第 8 章"其他结构型模式"介绍享元模式、MVC（Model-View-Controller，模型–视图–控制器）模式与代理模式。享元模式通过复用对象池中的对象来提高内存利用率及应用性能。MVC 模式用于桌面与 Web 应用开发，通过避免业务逻辑与用户界面代码的耦合，提高应用的可维护性。代理模式通过提供一个特殊对象作为其他对象的代理来控制对其他对象的访问，以降低复杂性，增强应用性能。

第 9 章"职责链模式"介绍另一种提高应用程序可维护性的技巧，其通过避免业务逻辑与用户界面代码的耦合，提高应用的可维护性。

第 10 章"命令模式"介绍如何将撤销、复制、粘贴等操作封装成对象，从而使指令的调用与执行解耦。

第 11 章"观察者模式"介绍如何向多个接收者发送指令。

第 12 章"状态模式"介绍如何创建一个状态机以对问题进行建模，并说明这种技术的优势。

第 13 章"其他行为型模式"介绍一些其他的高级编程技巧，包括如何基于 Python 创建一种简单的语言。领域专家可以使用这种语言，而不必学习 Python。

第 14 章"响应式编程中的观察者模式"介绍如何在状态发生变化时，向已注册的相关者发送数据流与事件。

第 15 章"微服务与面向云的模式"介绍一些系统设计模式，其对于当今日益广泛使用的云原生应用与微服务架构十分重要。面向微服务的框架、容器和其他技术可将应用划分为功能性和技术性服务，以实现维护和部署的独立。人们越来越依赖远程服务作为应用程序的一部分（如 API），这为重试机制提供了使用场景。在这些场景下，请求有可能失败，但如果多次重复请求，成功的概率就会增大。作为容错重试的补充，你将会学到如何使用断路器，这样在子系统发生故障之时不至于摧毁整个系统。在重度依赖从数据存储中获取数据的应用程序之中，使用旁路缓存模式能够通过缓存从数据存储中读取数据，从而提升性能。这种模式可以用于从数据存储中读取数据和向数据存储更新数据。最后，这一章将介绍节流模式，这一概念基于限速，或者说替代技术。你可以控制用户使用 API 或服务的方式，并确保你的服务不因某个特定的租户而过载。

如何充分利用本书

❑ 使用最新版本的 Windows、Linux 或 macOS。

❑ 安装 Python 3.6。同时，了解 Python 3 中的高级语法与新语法也十分有用。你可能还需要了解如何编写符合 Python 规范的代码。为此，你可以在互联网上查找相关问题的资源。

❑ 在你的计算机上安装并使用 Docker，以简单地安装并运行第 15 章示例需要的 RabbitMQ 服务器。如果你选择使用 Docker 安装方法——打包为容器的许多服务器软件和服务愈发需要 Docker 安装方法，可以通过 https://hub.docker.com/_/rabbitmq/ 和 https://docs.nameko.io/en/stable/installation.html 找到有用的信息。

下载示例代码

你可以从 www.PacktPub.com 下载本书的示例代码文件。如果你在其他地方购买了本书，可以访问 www.packtpub.com/support 并注册，这些文件将直接通过电子邮件发送给你。

你可以通过以下步骤下载代码文件：

❑ 在 www.packtpub.com 登录或注册；

❑ 选择 SUPPORT 标签；

❑ 点击 Code Downloads & Errata；

❑ 在搜索框输入书名并遵循屏幕上的指示。

下载完文件后，确保使用如下软件的最新版本来解压或提取文件夹。

❑ Windows：WinRAR/7-Zip

❑ Mac：Zipeg/iZip/UnRarX

❑ Linux：7-Zip/PeaZip

本书的代码包也托管在 GitHub 上，地址为 https://github.com/PacktPublishing/Mastering-Python-Design-Patterns-Second-Edition。如果代码更新了，现有的 GitHub 仓库上也会进行更新。

你还可以在 https://github.com/PacktPublishing/ 上下载我们丰富的图书和视频中的其他代码包。来看看吧！

排版约定

本书中使用了许多文本样式。

文本中的代码、数据库表名等采用等宽字体。例如："在 `Musician` 类中，主要动作是由 `play()` 方法执行的。"

代码块的格式如下:

```python
class Musician:
    def __init__(self, name):
        self.name = name
    def __str__(self):
        return f'the musician {self.name}'
    def play(self):
        return 'plays music'
```

新术语、重点强调的内容,或你在屏幕上看到的内容用黑体字表示。例如,出现在文本中的菜单或对话框中的单词。例如:"**远程代理**充当一个对象的本地表示,该对象实际上位于不同的地址空间(例如,网络服务器)中。"

 此图标表示警告或重要的注释。

 此图标表示提示和技巧。

联系我们

我们始终欢迎读者的反馈。

一般反馈:发邮件到 feedback@packtpub.com,并在邮件主题中注明书名。如果你对本书的任何方面有任何疑问,请通过 questions@packtpub.com 联系我们。

勘误:虽然我们已经竭尽全力确保内容的准确性,但错误在所难免。如果你在本书中发现了错误,请向我们报告,我们将不胜感激。请访问www.packtpub.com/submit-errata,选择你的书名,点击勘误提交表单链接,并输入详细信息。[①]

反盗版:如果你在互联网上看到我们作品的任何形式的非法复制品,如果能向我们提供地址或网站名称,我们将不胜感激。请通过 copyright@packtpub.com 与我们联系。

成为作者:如果你有擅长的专题,并且对图书写作或出版感兴趣,请访问 authors.packtpub.com。

评论

请留下评论。你阅读并使用本书之后,为何不在购买它的网站上留下评论呢?首先,潜在的读者可以看到并参考你的公正意见,从而做出是否购买的决定。其次,**Packt** 出版社可以了解你

---

① 本书中文版勘误请到 http://ituring.cn/book/2680 查看和提交。——编者注

对我们产品的看法。最后，作者也可以看到你对他们的书的反馈。谢谢你！

更多关于 Packt 的信息，请访问 packtpub.com。

电子书

扫描如下二维码，即可购买本书中文电子版。

目　　录

第 1 章

工厂模式

设计模式是可复用的编程解决方案，在各种现实场景中被广泛使用，并且已被证实能够产生预期的结果。它们在程序员中广为流传，并与时俱进。设计模式的流行得益于 Erich Gamma、Richard Helm、Ralph Johnson 与 John Vlissides 合著的《设计模式：可复用面向对象软件的基础》（后面简称《设计模式》）一书。

 "四人组"：这本由 Erich Gamma、Richard Helm、Ralph Johnson 与 John Vlissides 合著的书又被简称为"四人组"书（还有一种更简洁的形式——GoF 书）。

以下是一段有关设计模式的描述，引自《设计模式》一书：

> 设计模式针对面向对象系统中重复出现的设计问题，提出一个通用的设计方案，并予以系统化的命名和动机解释。它描述问题，提出解决方案，指出何时适用此方案，并说明方案的效果。它同时也提供实现代码的提示与示例。该解决方案是用以解决该问题的一组通用的类和对象，经过定制和实现就可用来解决特定上下文中的问题。

面向对象编程中有多种设计模式可以使用，具体使用哪种，取决于问题类型或者解决方案类型。在《设计模式》中，"四人组"向我们呈现了 23 种设计模式，并分为 3 类：**创建型**、**结构型**和**行为型**。

创建型设计模式是本书将要介绍的第一种类型。我们将通过本章、第 2 章和第 3 章来阐述。这些模式对应于对象创建过程的不同方面。它们的目的是在不便直接创建对象的时候（如在 Python 中使用 __init__() 函数），提供更好的替代方案。

 查看 https://docs.python.org/3/tutorial/classes.html 以了解对象类和特殊的 __init__() 函数。Python 用它们来创建新的类实例。

我们将从工厂设计模式入手，它是《设计模式》一书中的第一个创建型设计模式。在工厂模式中，**客户端**（意为调用后文所提及对象的代码）在不知道对象来源（即不知道该对象是用哪个类产生的）的情况下，要求创建一个对象。工厂模式背后的思想是简化对象的创建过程。与客户端直接使用类实例化来创建对象相比，使用一个中心函数来创建对象显然更容易追踪。通过将创建对象的代码与使用对象的代码解耦，工厂模式能够降低维护应用的复杂度。

工厂模式通常有两种形式：一种是**工厂方法**，它是一个方法（或以地道的 Python 术语来说，是一个函数），针对不同的输入参数返回不同的对象；另一种是**抽象工厂**，它是一组用于创建一系列相关对象的工厂方法。

本章将讨论：

□ 工厂方法
□ 抽象工厂

1.1   工厂方法

工厂方法基于单一的函数来处理对象创建任务。执行工厂方法、传入一个参数以提供体现意图的信息，就可以创建想要的对象。

有趣的是，使用工厂方法并不要求知道对象的实现细节及其来源。

1.1.1   现实生活中的例子

现实生活中使用工厂方法的一个例子是塑料玩具制造。用于制造塑料玩具的材料都是相同的，但使用不同的塑料模具能生产出不同的玩具（不同形象或形状）。这就像有一个工厂方法，输入是所期望玩具的名称（例如，鸭子或小车），输出（成型后）则是所需的塑料玩具。

在软件世界，Django 框架使用工厂方法来创建表单字段。Django 的 `forms` 模块支持创建不同种类的字段（如 `CharField` 和 `EmailField` 等），其部分行为可以通过 `max_length` 或 `required`（j.mp/djangofac）等属性来定制。例如，在下面这段代码中，开发者创建了一个表单（`PersonForm` 表单包括 `name` 与 `birth_date` 字段）作为 Django 应用 UI 代码的一部分：

```python
from django import forms

class PersonForm(forms.Form):
    name = forms.CharField(max_length=100)
    birth_date = forms.DateField(required=False)
```

1.1.2   用例

如果你发现，创建对象的代码分布在许多不同的地方，而不是在单一的函数/方法中，导致难以跟踪应用中创建的对象，这时就应该考虑使用工厂方法模式了。工厂方法将对象创建过程集中化，使得追踪对象变得更容易。注意，创建多个工厂方法完全没有问题，实践中也通常这么做。每个工厂方法从逻辑上将具有相同点的对象的创建过程划分为一组。例如，一个工厂方法负责连接到不同的数据库（MySQL、SQLite），另一个工厂方法负责创建所要求的几何对象（圆形、三角形），等等。

要将对象的创建与使用解耦，工厂方法也十分有用。创建对象时，我们没有与某个特定的类耦合/绑定到一起，而只是通过调用某个函数来提供关于自身需求的部分信息。这意味着修改函数十分容易，而且不需要同时修改使用这个函数的代码。

另一个值得一提的用例与提升应用程序的性能以及内存使用率有关。工厂方法仅在绝对必要时才创建新的对象，以提升性能与内存使用率。当直接通过实例化类来创建对象时，每次创建一个新的对象都会分配额外的内存（除非这个类使用了内部缓存，多数情况下并非如此）。我们能够看到，在实践中，下列代码（id.py 文件）创建了两个都属于类 A 的实例，并使用 id()函数比较其内存地址。它们的地址都打印在输出中以便我们观察。内存地址不同意味着创建了两个不同的对象。

```
class A:
    pass

if __name__ == '__main__':
    a = A()
    b = A()
    print(id(a) == id(b))
    print(a, b)
```

在我的计算机上执行 python id.py 命令，输出了如下结果：

```
False
<__main__.A object at 0x7f5771de8f60> <__main__.A object at 0x7f5771df2208>
```

注意，你执行该文件得到的地址与我的并不相同，因为它们依赖于实时的内存布局与分配。但结果必然相同——两个地址应该不同。如果你在 Python Read-Eval-Print-Loop（REPL，交互式解释器，或简单而言，交互式对话框）中编写并执行代码，可能会出现例外，但那只是一个 REPL 特有的优化，一般不会发生。

1.1.3　工厂方法的实现

数据通常以多种形式呈现。存取数据的文件类型主要有两种：人类可读文件与二进制文件。人类可读文件的例子有 XML、RSS/Atom、YAML 和 JSON 等。二进制文件则包括 SQLite 使用的.sq3 文件，以及用于听音乐的.mp3 音频文件。

本案例将重点阐述两种流行的人类可读文件——XML 和 JSON。通常来说，虽然解析人类可读文件要比解析二进制文件慢，但人类可读文件能简化数据交换、检查与修改的过程。因此，建议你使用人类可读文件，除非存在其他限制因素（主要包括不可接受的低性能与专有的二进制格式）。

本例中，我们有一些输入数据，它们被存储在一个 XML 文件和一个 JSON 文件之中。我们希望将其解析，并获取一些信息。同时，我们希望集中客户端与那些（以及未来所有的）外部服务的联系。我们将使用工厂方法来解决这个问题。虽然本例只关注 XML 与 JSON，但添加对其他服务的支持也十分简单。

首先，观察这个数据文件。

JSON 文件 movies.json 是 GitHub 上的一个例子。它是一个包含美国电影信息的数据集合（如标题、年份、导演名、体裁，等等）。实际上，这是一个非常大的文件，这里呈现的只是它的摘录。我们将其简化以便阅读，用于展示其文件结构。

```
[
 {"title":"After Dark in Central Park",
  "year":1900,
  "director":null, "cast":null, "genre":null},
 {"title":"Boarding School Girls' Pajama Parade",
  "year":1900,
  "director":null, "cast":null, "genre":null},
 {"title":"Buffalo Bill's Wild West Parad",
  "year":1900,
  "director":null, "cast":null, "genre":null},
 {"title":"Caught",
  "year":1900,
  "director":null, "cast":null, "genre":null},
 {"title":"Clowns Spinning Hats",
  "year":1900,
  "director":null, "cast":null, "genre":null},
 {"title":"Capture of Boer Battery by British",
  "year":1900,
  "director":"James H. White", "cast":null, "genre":"Short documentary"},
 {"title":"The Enchanted Drawing",
  "year":1900,
  "director":"J. Stuart Blackton", "cast":null,"genre":null},
 {"title":"Family Troubles",
  "year":1900,
  "director":null, "cast":null, "genre":null},
 {"title":"Feeding Sea Lions",
  "year":1900,
  "director":null, "cast":"Paul Boyton", "genre":null}
]
```

XML 文件 person.xml 基于维基百科上的一个例子（j.mp/wikijson）。它包含许多个人信息（如名、姓、性别等）。

(1) 我们以一个名为 persons 的 XML 容器的闭合标签作为开始。

```
<persons>
```

(2) 展示一个人的数据的 XML 元素。

```
<person>
  <firstName>John</firstName>
  <lastName>Smith</lastName>
  <age>25</age>
  <address>
    <streetAddress>21 2nd Street</streetAddress>
    <city>New York</city>
    <state>NY</state>
    <postalCode>10021</postalCode>
  </address>
  <phoneNumbers>
    <phoneNumber type="home">212 555-1234</phoneNumber>
    <phoneNumber type="fax">646 555-4567</phoneNumber>
  </phoneNumbers>
  <gender>
    <type>male</type>
  </gender>
</person>
```

(3) 展示另一个人数据的 XML 元素。

```
<person>
  <firstName>Jimy</firstName>
  <lastName>Liar</lastName>
  <age>19</age>
  <address>
    <streetAddress>18 2nd Street</streetAddress>
    <city>New York</city>
    <state>NY</state>
    <postalCode>10021</postalCode>
  </address>
  <phoneNumbers>
  <phoneNumber type="home">212 555-1234</phoneNumber>
  </phoneNumbers>
  <gender>
    <type>male</type>
  </gender>
</person>
```

(4) 展示第三个人数据的 XML 元素。

```
<person>
  <firstName>Patty</firstName>
  <lastName>Liar</lastName>
  <age>20</age>
  <address>
    <streetAddress>18 2nd Street</streetAddress>
    <city>New York</city>
    <state>NY</state>
    <postalCode>10021</postalCode>
  </address>
  <phoneNumbers>
    <phoneNumber type="home">212 555-1234</phoneNumber>
    <phoneNumber type="mobile">001 452-8819</phoneNumber>
```

```
    </phoneNumbers>
    <gender>
      <type>female</type>
    </gender>
  </person>
```

(5) 最后，闭合这个 XML 容器。

```
  </persons>
```

我们将使用两个库——json 和 xml.etree.ElementTree。它们是 Python 发行版的一部分，
用于解析 JSON 与 XML。

```
import json
import xml.etree.ElementTree as etree
```

类 JSONDataExtractor 用于解析 JSON 文件，它有一个 parsed_data() 方法，返回一个
包含所有数据的字典（dict）。装饰器 property 用于使 parsed_data() 变得更像一个普通的
属性而非方法。代码如下：

```
class JSONDataExtractor:
  def __init__(self, filepath):
    self.data = dict()
    with open(filepath, mode='r', encoding='utf-8') as
    f:self.data = json.load(f)
    @property
    def parsed_data(self):
        return self.data
```

类 XMLDataExtractor 用于解析 XML 文件。它有一个 parsed_data() 方法，返回由
xml.etree.Element 组成的、包含所有数据的列表。代码如下：

```
class XMLDataExtractor:
  def __init__(self, filepath):
  self.tree = etree.parse(filepath)
  @property
  def parsed_data(self):
  return self.tree
```

函数 dataextraction_factory() 是一个工厂方法。它根据输入文件的扩展名，返回一个
JSONDataExtractor 或 XMLDataExtractor 的实例。代码如下：

```
def dataextraction_factory(filepath):
    if filepath.endswith('json'):
        extractor = JSONDataExtractor
    elif filepath.endswith('xml'):
        extractor = XMLDataExtractor
    else:
        raise ValueError('Cannot extract data from {}'.format(filepath))
    return extractor(filepath)
```

函数 `extract_data_from()` 是 `dataextraction_factory()` 的一个装饰器。它增加了异常处理机制。代码如下：

```
def extract_data_from(filepath):
    factory_obj = None
    try:
        factory_obj = dataextraction_factory(filepath)
    except ValueError as e:
        print(e)
    return factory_obj
```

函数 `main()` 展示了如何使用工厂方法。第一部分确保了异常处理机制的有效性。代码如下：

```
def main():
    sqlite_factory = extract_data_from('data/person.sq3')
    print()
```

第二部分展示了如何使用工厂方法处理 JSON 文件。（在数据非空的情况下）该解析方法能够展示电影的标题、年份、导演姓名以及体裁。代码如下：

```
json_factory = extract_data_from('data/movies.json')
json_data = json_factory.parsed_data
print(f'Found: {len(json_data)} movies')
for movie in json_data:
  print(f"Title: {movie['title']}")
  year = movie['year']
  if year:
  print(f"Year: {year}")
  director = movie['director']
  if director:
  print(f"Director: {director}")
  genre = movie['genre']
  if genre:
  print(f"Genre: {genre}")
  print()
```

最后一部分展示了如何使用工厂方法处理 XML 文件。Xpath 用于寻找所有姓为 `Liar` 的 person 元素（使用 `liars = xml_data.findall(f".//person[lastName='Liar']")`）。对于每一个匹配的人，将展示其基本姓名与电话号码信息：

```
xml_factory = extract_data_from('data/person.xml')
xml_data = xml_factory.parsed_data
liars = xml_data.findall(f".//person[lastName='Liar']")
print(f'found: {len(liars)} persons')
for liar in liars:
    firstname = liar.find('firstName').text
    print(f'first name: {firstname}')
    lastname = liar.find('lastName').text
    print(f'last name: {lastname}')
    [print(f"phone number ({p.attrib['type']}):", p.text)
    for p in liar.find('phoneNumbers')]
    print()
```

下面是一份代码实现的总结（你可以在 factory_method.py 文件中找到代码）。

(1) 导入所需的模块（`json` 和 `ElementTree`）。

(2) 定义 JSON 数据提取器类（`JSONDataExtractor`）。

(3) 定义 XML 数据提取器类（`XMLDataExtractor`）。

(4) 添加工厂函数 `dataextraction_factory()`，以获得正确的数据提取器类。

(5) 添加处理异常的装饰器函数 `extract_data_from()`。

(6) 最终，添加 `main()` 函数，并使用 Python 传统的命令行方式调用该函数。`main` 函数的要点如下。

❑ 尝试从 SQL 文件（data/person.sq3）中提取数据，以展示异常处理的方式。

❑ 从 JSON 文件中提取数据并解析出结果。

❑ 从 XML 文件中提取数据并解析出结果。

调用 `python factory_method.py` 命令将得到以下输出（对于不同的输入，输出也不同）。

首先，当你试图访问一个 SQLite（.sq3）文件时，会出现如下这样一条异常消息。

```
Cannot extract data from data/person.sq3
```

其次，处理 movies 文件（JSON）时，你会获得如下结果。

```
Found: 9 movies
Title: After Dark in Central Park
Year: 1900

Title: Boarding School Girls' Pajama Parade
Year: 1900

Title: Buffalo Bill's Wild West Parad
Year: 1900

Title: Caught
Year: 1900

Title: Clowns Spinning Hats
Year: 1900

Title: Capture of Boer Battery by British
Year: 1900
Director: James H. White
Genre: Short documentary

Title: The Enchanted Drawing
Year: 1900
Director: J. Stuart Blackton

Title: Family Troubles
Year: 1900

Title: Feeding Sea Lions
Year: 1900
```

最后，处理 person XML 文件，并查找姓为 Liar 的人时，会出现如下结果。

```
found: 2 persons
first name: Jimy
last name: Liar
phone number (home): 212 555-1234

first name: Patty
last name: Liar
phone number (home): 212 555-1234
phone number (mobile): 001 452-8819
```

注意，虽然 JSONDataExtractor 和 XMLDataExtractor 有相同的接口，但是它们处理 parsed_data() 返回值的方式并不一致。每个**数据解析器**必须与不同的 Python 代码相配套。虽然能对所有的提取器使用相同的代码听起来很美妙，但这在大多数情况下并不符合实际，除非我们使用的数据具有相同的映射，而这些数据常常由外部数据供应商提供。假设你能使用相同的代码来处理 XML 和 JSON 文件，那么又需要做何改变以支持第三种格式呢？SQLlite 怎么样？找一个 SQLite 文件，或者自己创建一个并尝试一下。

1.2 抽象工厂

抽象工厂设计模式是一种一般化的工厂方法。总的来说，一个抽象工厂是一些工厂方法的（逻辑）集合，其中每一个工厂方法负责生成一种不同的对象。

我们将讨论一些例子、用例，以及一种可能的实现。

1.2.1 现实生活中的例子

抽象工厂常用于汽车制造。工厂使用相同的机械来冲压不同车型的零件（门、仪表盘、发动机盖、挡泥板和后视镜）。机械组装出的模型是可配置的，易于随时更改。

在软件分类中，factory_boy 软件包提供一个抽象工厂的实现，用于在测试中创建 Django 模型。它用于创建支持**测试专用属性**的模型实例。这很重要，因为通过这种方法，你的测试将变得可读，并避免共享不必要的代码。

 Django 模型是一些特殊的类。这些类被 Django 框架用来帮助你在数据库中存储数据和与数据交互。更多细节详见 Django 文档。

1.2.2 用例

由于抽象工厂模式是一种一般化的工厂方法模式，它提供了相同的好处：使跟踪对象创建更容易，将对象的创建与使用解耦，并赋予你提升应用内存使用率与性能的可能性。

可是，这也提出了一个问题：我们如何知道该使用工厂方法还是抽象工厂？答案是：通常从简单的工厂方法开始。如果发现应用程序需要许多工厂方法，且将这些方法组合起来创建一系列对象是有意义的，那么就使用抽象工厂。

抽象工厂的一个好处是，它使我们能够通过更改处于激活状态的工厂方法，动态地（在运行时）修改应用程序的行为。而这一点从使用工厂方法的开发人员的角度来看并不是很明显。典型的例子是能够在用户使用应用程序时为其更改应用程序的外观（例如，Apple 风格界面、Windows 风格界面等），而无须终止应用再重新启动。

1.2.3 抽象工厂模式的实现

为了展示抽象工厂模式，我将重新使用我最喜欢的一个示例，它出自 Bruce Eckel 的 *Python 3 Patterns, Recipes and Idioms* 一书。假设我们正在创建一个游戏，或者想将一个迷你游戏作为应用程序的一部分来取悦用户。我们希望至少包括两款游戏：一款儿童游戏，一款成人游戏。我们将根据用户的输入，在运行时决定创建和启动哪款游戏。抽象工厂会负责游戏创建的部分。

让我们从儿童游戏开始。这个游戏叫作 FrogWorld。男主角是一只喜欢吃虫子的青蛙。每个主角都需要一个好的名字，在我们的例子中，这个名字是由用户在运行时给出的。interact_with() 方法用于描述青蛙与障碍物（例如，虫子、谜题和其他青蛙）的交互。代码如下：

```
class Frog:
    def __init__(self, name):
        self.name = name

    def __str__(self):
        return self.name

    def interact_with(self, obstacle):
        act = obstacle.action()
        msg = f'{self} the Frog encounters {obstacle} and {act}!'
        print(msg)
```

游戏中可以有许多不同种类的障碍物，但在我们的例子中，障碍物只能是一只虫子。当遇到一只虫子时，青蛙只支持一种行为——吃掉虫子。代码如下：

```
class Bug:
    def __str__(self):
        return 'a bug'

    def action(self):
        return 'eats it'
```

FrogWorld 类是一个抽象工厂。它的主要任务是创建游戏中的主角与障碍物。保持创建方法的独立性及名称的通用性（例如，make_character() 和 make_obstacle()），我们将能动态地更改处于激活状态的工厂（进而改变处于激活状态的游戏），而不需要修改任何代码。在静态类型语言中，抽象工厂是一个带有空方法的抽象类/接口，但是在 Python 中，这是不必要的，因为类型是在运行时检查的（j.mp/ginstromdp）。代码如下：

```
class FrogWorld:
    def __init__(self, name):
        print(self)
        self.player_name = name

    def __str__(self):
        return '\n\n\t------ Frog World -------'

    def make_character(self):
        return Frog(self.player_name)

    def make_obstacle(self):
        return Bug()
```

名为 WizardWorld 的游戏也是类似的。唯一的区别是，巫师与怪物（如 orks 兽人）战斗，而不是吃虫子。

下面是 Wizard 类的定义，它与 Frog 类相似：

```
class Wizard:
    def __init__(self, name):
        self.name = name

    def __str__(self):
        return self.name

    def interact_with(self, obstacle):
        act = obstacle.action()
        msg = f'{self} the Wizard battles against {obstacle}
        and {act}!'
        print(msg)
```

下面是 Ork 类的定义：

```
class Ork:
    def __str__(self):
        return 'an evil ork'

    def action(self):
        return 'kills it'
```

我们还需要定义 WizardWorld 类，它与我们讨论过的 FrogWorld 类相似。在这种情况下，障碍物是一个 Ork 实例：

```
class WizardWorld:
    def __init__(self, name):
        print(self)
        self.player_name = name
```

```
    def __str__(self):
        return '\n\n\t------ Wizard World -------'

    def make_character(self):
        return Wizard(self.player_name)

    def make_obstacle(self):
        return Ork()
```

GameEnvironment 类是我们游戏的主入口。它接受一个工厂作为输入，并使用它来创建游戏世界。play() 方法初始化主角与障碍物之间的交互，如下所示：

```
class GameEnvironment:
    def __init__(self, factory):
        self.hero = factory.make_character()
        self.obstacle = factory.make_obstacle()

    def play(self):
        self.hero.interact_with(self.obstacle)
```

validate_age() 函数提示用户给出一个有效的年龄。如果年龄无效，则返回一个首元素为 False 的元组。如果年龄有效，则元组的首元素将被设置为 True。在这种情况下，我们才真正需要关心元组的第二个元素，即用户给出的年龄，如下所示：

```
def validate_age(name):
    try:
        age = input(f'Welcome {name}. How old are you? ')
        age = int(age)
    except ValueError as err:
        print(f"Age {age} is invalid, please try again...")
        return (False, age)
    return (True, age)
```

最后是 main() 函数。它会询问用户的姓名和年龄，并根据用户的年龄决定应该玩哪款游戏，如下所示：

```
def main():
    name = input("Hello. What's your name? ")
    valid_input = False
    while not valid_input:
        valid_input, age = validate_age(name)
    game = FrogWorld if age < 18 else WizardWorld
    environment = GameEnvironment(game(name))
    environment.play()
```

上述实现总结如下（详见 abstract_factory.py 文件中的完整代码）。

(1) 为 FrogWorld 游戏定义 Frog 和 Bug 类。

(2) 添加 FrogWorld 类，在其中使用 Frog 和 Bug 类。

(3) 为 WizardWorld 游戏定义 Wizard 和 Ork 类。

1

(4) 添加 `WizardWorld` 类，在其中使用 `Wizard` 和 `Ork` 类。

(5) 定义 `GameEnvironment` 类。

(6) 添加 `validate_age()` 函数。

(7) 最后，添加 `main()` 函数，并使用传统的技巧调用它。该函数的要点如下。

    ❏ 获取用户输入的姓名与年龄。

    ❏ 根据用户的年龄决定使用的游戏。

    ❏ 实例化正确的游戏类，然后实例化 `GameEnvironment` 类。

    ❏ 调用 environment 对象中的 `play()` 方法来玩这个游戏。

使用 `python abstract_factory.py` 命令调用这个程序，并观察一些示例输出。

面向青少年的游戏示例输出如下。

```
Hello. What's your name? Billy
Welcome Billy. How old are you? 12


       ------ Frog World ------
Billy the Frog encounters a bug and eats it!
```

面向成年人的游戏示例输出如下。

```
Hello. What's your name? Charles
Welcome Charles. How old are you? 25


       ------ Wizard World -------
Charles the Wizard battles against an evil ork and kills it!
```

尝试扩展游戏，使它更完整。你可以随意创造障碍物、敌人，以及任何你喜欢的东西。

1.3　小结

本章介绍了如何使用工厂方法和抽象工厂设计模式。当我们希望跟踪对象创建、解耦对象创建与对象使用，甚至提升应用程序的性能和资源使用率时，这两种模式都会派上用场。本章没有展示如何提升性能。你可以考虑把它作为一个很好的练习。

工厂方法设计模式被实现为不属于任何类的单个函数，并负责创建单个种类的对象（一个形状、一个连接点等）。我们了解了工厂方法与玩具制造的关系，提到了 Django 如何使用它来创建不同的表单字段，并讨论了其他可能的用例。例如，我们实现了一个工厂方法，来提供对 XML 和 JSON 文件的访问途径。

抽象工厂设计模式被实现为许多工厂方法，这些工厂方法属于单个类，并用于创建一系列相关对象（汽车部件、游戏环境，等等）。我们提到了抽象工厂与汽车制造的关系、Django 的 `django_factory` 包如何使用它来创建干净的测试，然后介绍了它的常见用例。我们对于抽象工厂的实现示例是一个迷你游戏，展示了如何在单个类中使用许多相关的工厂方法。

下一章将讨论建造者模式。它是另一种创建型模式，可用于微调复杂对象的创建过程。

第 2 章

建造者模式

前一章介绍了前两种创建型模式——工厂方法和抽象工厂。它们都提供了在重要情况下改进对象创建方法的途径。

现在，假设我们要创建一个由多个部分组成的对象，而且创建过程需要一步一步地完成。只有创建了所有部分，该对象才是完整的。这就是建造者设计模式可以帮助我们的地方。建造者模式将复杂对象的构建与其表示分离。通过将构建与表示分离，相同的构建结构可用于创建几个不同的表示（`j.mp/builderpat`）。

介绍一个实际的例子会有助于你理解建造者模式的目的。假设我们想创建一个 HTML 页面生成器。HTML 页面的基础结构（构建部分）大同小异：以<html>开始，以</html>结束，在 HTML 部分中有<head>与</head>元素，在 head 部分中有<title>和</title>元素，以此类推。但是页面的表示可能不同。每个页面都有自己的标题、头部和不同的<body>内容。此外，页面通常按步骤构建：一个函数添加标题，一个函数添加主头部，一个函数添加脚注，等等。只有在页面的整个结构完成之后，才能使用一个最终的渲染函数将其呈现给客户端。我们可以进一步扩展 HTML 生成器，使其能够生成完全不同的 HTML 页面。一个页面可能包含表格，一个页面可能包含图像库，一个页面可能包含联系人表单，等等。

HTML 页面生成问题可以使用建造者模式解决。这种模式中，主要有两个参与者。

- **建造者（builder）**：负责创建复杂对象的各个部分的组件。本例中，这些部分是页面的标题、头部、主体和脚注。
- **指挥者（director）**：使用建造者实例控制构建过程的组件。调用建造者的函数来设置标题、头部，等等。而且，使用不同的建造者实例能够创建不同的 HTML 页面，而不需要触及指挥者的任何代码。

本章将讨论：

- 现实生活中的例子
- 用例
- 实现

2.1　现实生活中的例子

日常生活中，建造者设计模式被应用于快餐店。虽然有许多不同种类的汉堡（经典汉堡、芝士汉堡，等等）和不同的包装（小盒子、中型盒子，等等），但制作汉堡和包装（盒子和纸袋）的过程是相同的。经典汉堡和芝士汉堡的区别在于表现形式，而不是制作过程。在这种情况下，**指挥者**是收银员，他向员工说明需要准备什么汉堡，而**建造者**是负责处理订单的员工。

我们同样可以找到软件中的例子。

❑ 本章开头提到的 HTML 示例实际上是 Django 的第三方（HTML）树编辑器 django-widgy 使用的，django-widgy 可以用作**内容管理系统**（CMS）。django-widgy 编辑器包含一个页面建造者，可以用于创建具有不同布局的 HTML 页面。

❑ django-query-builder 库是另一个依赖于建造者模式的第三方 Django 库。这个库可用于动态构建 SQL 查询语句，允许你控制查询的各个方面，并创建不同复杂度的查询语句。

2.2　用例

当必须用多个步骤创建对象，并且需要相同构造的不同表现形式时，我们将使用建造者模式。这些需求存在于许多应用程序中，例如页面生成器（如本章中提到的 HTML 页面生成器）、文档转换器和**用户界面**（UI）表单创建器（`j.mp/pipbuild`）。

一些在线资源提到，建造者模式也可以用作伸缩构造器问题的解决方案。当我们被迫创建一个新的构造函数以支持创建对象的不同方式时，伸缩构造函数问题就会发生。这个问题是，我们最终会得到许多构造函数和很长的参数列表，而这些都很难管理。伸缩构造函数的一个例子可以在 Stack Overflow 网站上找到（`j.mp/sobuilder`）。幸运的是，这个问题在 Python 中并不存在，因为它至少可以通过两种方式解决：

❑ 命名参数（`j.mp/sobuipython`）；

❑ 参数列表解构（`j.mp/arglistpy`）。

此时，建造者模式和工厂模式之间的区别可能不是很清楚。主要区别在于，工厂模式在单个步骤中创建对象，而建造者模式在多个步骤中创建对象，而且几乎总是使用指挥者。建造者模式的一些目标实现，例如 Java 的 StringBuilder，绕过了对指挥者的使用，但这是例外。

另一个区别是，工厂模式立即返回创建的对象，而在建造者模式中，客户端代码明确地要求指挥者在需要时返回最终对象（`j.mp/builderpat`）。

我们用购买新计算机做个类比，来帮助你更好地区分建造者模式和工厂模式。假设你想买一台新计算机。如果你决定购买特定的预配置计算机型号，例如最新的 Apple 1.4 GHz Mac Mini，就需要使用工厂模式。所有的硬件规格已经由制造商预先定义，他们不咨询你也知道要做什么。

制造商通常只收到一条指令。代码如下所示（apple_factory.py）：

```python
MINI14 = '1.4GHz Mac mini'

class AppleFactory:
    class MacMini14:
        def __init__(self):
            self.memory = 4 # 单位为 GB
            self.hdd = 500 # 单位为 GB
            self.gpu = 'Intel HD Graphics 5000'

        def __str__(self):
            info = (f'Model: {MINI14}',
                    f'Memory: {self.memory}GB',
                    f'Hard Disk: {self.hdd}GB',
                    f'Graphics Card: {self.gpu}')
            return '\n'.join(info)

    def build_computer(self, model):
        if model == MINI14:
            return self.MacMini14()
        else:
            msg = f"I don't know how to build {model}"
            print(msg)
```

现在，我们添加程序的主要部分，AppleFactory 类的代码片段：

```python
if __name__ == '__main__':
    afac = AppleFactory()
    mac_mini = afac.build_computer(MINI14)
    print(mac_mini)
```

 注意这个嵌套的 MacMini14 类。这是一种禁止类直接实例化的简洁方法。

另一个选择是购买一台定制的个人计算机。本例中，你可以使用建造者模式。你就是指挥者，向制造商（builder）发出指令，说明你理想的计算机规格。代码如下所示（computer_builder.py）。

❑ 定义 Computer 类。

```python
class Computer:
    def __init__(self, serial_number):
        self.serial = serial_number
        self.memory = None # 单位为 GB
        self.hdd = None # 单位为 GB
        self.gpu = None

    def __str__(self):
        info = (f'Memory: {self.memory}GB',
                f'Hard Disk: {self.hdd}GB',
                f'Graphics Card: {self.gpu}')
        return '\n'.join(info)
```

❑ 定义 ComputerBuilder 类。

```python
class ComputerBuilder:
    def __init__(self):
        self.computer = Computer('AG23385193')

    def configure_memory(self, amount):
        self.computer.memory = amount

    def configure_hdd(self, amount):
        self.computer.hdd = amount

    def configure_gpu(self, gpu_model):
        self.computer.gpu = gpu_model
```

❑ 定义 HardwareEngineer 类。

```python
class HardwareEngineer:
    def __init__(self):
        self.builder = None

    def construct_computer(self, memory, hdd, gpu):
        self.builder = ComputerBuilder()
        steps = (self.builder.configure_memory(memory),
                 self.builder.configure_hdd(hdd),
                 self.builder.configure_gpu(gpu))
        [step for step in steps]

    @property
    def computer(self):
        return self.builder.computer
```

❑ 以 main() 函数结束，并从命令行调用该文件。

```python
def main():
    engineer = HardwareEngineer()
    engineer.construct_computer(hdd=500,
                                memory=8,
                                gpu='GeForce GTX 650 Ti')
    computer = engineer.computer
    print(computer)

if __name__ == '__main__':
    main()
```

基本的变化是引入了建造者 ComputerBuilder、指挥者 HardwareEngineer，并逐步构建了一台计算机，它现在支持不同的配置（注意：memory、hdd 和 gpu 是参数，没有预先配置）。如果我们想要支持平板电脑的构建，需要做些什么？将此作为练习吧。

你可能还希望将计算机的 serial_number 变为独一无二的，因为现在的情况是，所有计算机将具有相同的序列号（这是不切实际的）。

2.3 实现

让我们看看如何使用建造者设计模式来制作比萨订购应用程序。比萨的例子特别有趣，因为比萨的制作步骤应该遵循特定的顺序。加调味汁之前，首先要准备面团。加配料之前，首先要加调味汁。只有调味汁和配料都放在面团上后，你才能开始烤比萨。此外，每个比萨通常需要不同的烘烤时间，这取决于面团的厚度和所用的配料。

我们首先导入所需的模块，并声明几个 Enum 参数（j.mp/pytenum）外加一个在应用程序中多次使用的常量。STEP_DELAY 常量用于在准备比萨（准备面团、加入调味汁等）的不同步骤之间添加延时：

```
from enum import Enum
import time
PizzaProgress = Enum('PizzaProgress', 'queued preparation baking ready')
PizzaDough = Enum('PizzaDough', 'thin thick')
PizzaSauce = Enum('PizzaSauce', 'tomato creme_fraiche')
PizzaTopping = Enum('PizzaTopping',
          'mozzarella double_mozzarella bacon ham mushrooms red_onion
oregano')
STEP_DELAY = 3 # 单位为秒，仅做示例使用
```

我们的最终产品是比萨，用 Pizza 类描述。在使用建造者模式时，最终产品没有很多职责，因为它不应该直接实例化。建造者创建最终产品的一个实例，并确保它准备就绪，这就是 Pizza 类如此小的原因。它基本上将所有数据初始化为符合常理的默认值。一个例外是 prepare_dough()方法。

prepare_dough()方法是在 Pizza 类中定义的，而不是在建造者中定义的，原因有两个。首先，要澄清一个事实，即最终产品通常是最小的，但这并不意味着永远不应该为它分配任何职责。其次，为了通过组合来促进代码重用。

定义 Pizza 类：

```
class Pizza:
    def __init__(self, name):
        self.name = name
        self.dough = None
        self.sauce = None
        self.topping = []

    def __str__(self):
        return self.name

    def prepare_dough(self, dough):
        self.dough = dough
        print(f'preparing the {self.dough.name} dough of your {self}...')
        time.sleep(STEP_DELAY)
        print(f'done with the {self.dough.name} dough')
```

有两个建造者：一个用于创建玛格丽特比萨（MargaritaBuilder），另一个用于创建奶油培根比萨（CreamyBaconBuilder）。每个建造者创建一个 Pizza 实例，并包含遵循比萨制作过程的方法：prepare_dough()、add_sauce()、add_topping() 和 bake()。更准确地说，prepare_dough() 只是对 Pizza 类的 prepare_dough() 方法的一个封装。

注意每个建造者是如何处理比萨的所有特定细节的。例如，玛格丽塔比萨的配料是双层马苏里拉奶酪和牛至，而奶油培根比萨的配料是马苏里拉奶酪、培根、火腿、蘑菇、红洋葱和牛至。

此部分代码如下所示。

❑ 定义 MargaritaBuilder 类。

```python
class MargaritaBuilder:
    def __init__(self):
        self.pizza = Pizza('margarita')
        self.progress = PizzaProgress.queued
        self.baking_time = 5 # 单位为秒，仅做示例使用

    def prepare_dough(self):
        self.progress = PizzaProgress.preparation
        self.pizza.prepare_dough(PizzaDough.thin)

    def add_sauce(self):
        print('adding the tomato sauce to your margarita...')
        self.pizza.sauce = PizzaSauce.tomato
        time.sleep(STEP_DELAY)
        print('done with the tomato sauce')

    def add_topping(self):
        topping_desc = 'double mozzarella, oregano'
        topping_items = (PizzaTopping.double_mozzarella,
        PizzaTopping.oregano)
        print(f'adding the topping ({topping_desc}) to your
        margarita')
        self.pizza.topping.append([t for t in topping_items])
        time.sleep(STEP_DELAY)
        print(f'done with the topping ({topping_desc})')

    def bake(self):
        self.progress = PizzaProgress.baking
        print(f'baking your margarita for {self.baking_time}
        seconds')
        time.sleep(self.baking_time)
        self.progress = PizzaProgress.ready
        print('your margarita is ready')
```

❑ 定义 CreamyBaconBuilder 类。

```python
class CreamyBaconBuilder:
    def __init__(self):
        self.pizza = Pizza('creamy bacon')
```

```
            self.progress = PizzaProgress.queued
            self.baking_time = 7 # 单位为秒，仅做示例使用
            the example

        def prepare_dough(self):
            self.progress = PizzaProgress.preparation
            self.pizza.prepare_dough(PizzaDough.thick)

        def add_sauce(self):
            print('adding the crème fraîche sauce to your creamy
            bacon')
            self.pizza.sauce = PizzaSauce.creme_fraiche
            time.sleep(STEP_DELAY)
            print('done with the crème fraîche sauce')

        def add_topping(self):
            topping_desc = 'mozzarella, bacon, ham, mushrooms,
            red onion, oregano'
            topping_items = (PizzaTopping.mozzarella,
                             PizzaTopping.bacon,
                             PizzaTopping.ham,
                             PizzaTopping.mushrooms,
                             PizzaTopping.red_onion,
                             PizzaTopping.oregano)
            print(f'adding the topping ({topping_desc}) to your
            creamy bacon')
            self.pizza.topping.append([t for t in topping_items])
            time.sleep(STEP_DELAY)
            print(f'done with the topping ({topping_desc})')

        def bake(self):
            self.progress = PizzaProgress.baking
            print(f'baking your creamy bacon for {self.baking_time}
            seconds')
            time.sleep(self.baking_time)
            self.progress = PizzaProgress.ready
            print('your creamy bacon is ready')
```

　　本例中的指挥者是服务员。Waiter 类的核心是 construct_pizza() 方法，它接受一个建造者作为参数，并以正确的顺序执行所有比萨准备步骤。选择合适的建造者（甚至可以在运行时完成）让我们能够在不修改指挥者（Waiter）任何代码的情况下创建不同的比萨风格。Waiter 类还包含 pizza() 方法，该方法将最终产品（准备好的比萨）作为变量返回给调用者，如下所示：

```
class Waiter:
    def __init__(self):
        self.builder = None

    def construct_pizza(self, builder):
        self.builder = builder
        steps = (builder.prepare_dough,
                 builder.add_sauce,
                 builder.add_topping,
```

```
                builder.bake)
        [step() for step in steps]

    @property
    def pizza(self):
        return self.builder.pizza
```

validate_style()函数类似于第 1 章中描述的 validate_age()函数。它用于确保用户提供有效的输入，在本例中指的是映射到比萨建造者的字符。m 字符使用 MargaritaBuilder 类，c 字符使用 CreamyBaconBuilder 类。这些映射位于建造者参数中。返回一个元组，如果输入有效，则第一个元素被设置为 True，如果输入无效，则第一个元素被设置为 False，如下所示：

```
def validate_style(builders):
    try:
        input_msg = 'What pizza would you like, [m]argarita or
        [c]reamy bacon? '
        pizza_style = input(input_msg)
        builder = builders[pizza_style]()
        valid_input = True
    except KeyError:
        error_msg = 'Sorry, only margarita (key m) and creamy
        bacon (key c) are available'
        print(error_msg)
        return (False, None)
    return (True, builder)
```

最后一部分是 main()函数。main()函数包含实例化比萨建造者的代码。然后 Waiter 指挥者使用比萨建造者来准备比萨。创建好的比萨可以在任何时候交付给客户：

```
def main():
    builders = dict(m=MargaritaBuilder, c=CreamyBaconBuilder)
    valid_input = False
    while not valid_input:
        valid_input, builder = validate_style(builders)
    print()
    waiter = Waiter()
    waiter.construct_pizza(builder)
    pizza = waiter.pizza
    print()
    print(f'Enjoy your {pizza}!')
```

下面是实现的摘要（详见 builder.py 中的完整代码）。

(1) 首先，导入所需的模块——标准 Enum 类和 time 模块。

(2) 为 PizzaProgress、PizzaDough、PizzaSauce、PizzaTopping 和 STEP_DELAY 这几个新常量声明变量。

(3) 定义 Pizza 类。

(4) 定义两个建造者类，MargaritaBuilder 和 CreamyBaconBuilder。

(5) 定义 `Waiter` 类。

(6) 加入 `validate_style()` 函数以改进异常处理。

(7) 最后，添加 `main()` 函数，以及在程序运行时调用它的代码片段。在 `main` 函数中，发生了以下事情。

- □ 通过 `validate_style()` 函数验证用户输入并据此选择比萨建造者。
- □ 服务员使用比萨建造者准备比萨。
- □ 交付已创建的比萨。

下面是调用 `python builder.py` 命令执行示例程序所生成的输出。

```
What pizza would you like, [m]argarita or [c]reamy bacon? r
Sorry, only margarita (key m) and creamy bacon (key c) are available
What pizza would you like, [m]argarita or [c]reamy bacon? m

preparing the thin dough of your margarita...
done with the thin dough
adding the tomato sauce to your margarita...
done with the tomato sauce
adding the topping (double mozzarella, oregano) to your margarita
done with the topping (double mozzarella, oregano)
baking your margarita for 5 seconds
your margarita is ready

Enjoy your margarita!
```

但是，只支持两种比萨是一种耻辱。想有一个夏威夷比萨建造者吗？在权衡优点和缺点之后，你可以考虑继承。查一下典型夏威夷比萨的配料，然后决定你需要继承哪一个类：`MargaritaBuilder` 还是 `CreamyBaconBuilder`？或者两者都继承（`j.mp/pymulti`）？

Joshua Bloch 在《Effective Java 中文版（第 2 版）》一书中描述了建造者模式的一个有趣变体——对建造者的方法进行链式调用。这是通过将构建者本身定义为内部类，并从其上每个类似于 `setter` 的方法返回自身来实现的。`build()` 方法返回最终的对象。这种模式称为**流畅建造者**。下面是一个 Python 实现，由本书的一位审阅者友情提供：

```python
class Pizza:
    def __init__(self, builder):
        self.garlic = builder.garlic
        self.extra_cheese = builder.extra_cheese

    def __str__(self):
        garlic = 'yes' if self.garlic else 'no'
        cheese = 'yes' if self.extra_cheese else 'no'
        info = (f'Garlic: {garlic}', f'Extra cheese: {cheese}')
        return '\n'.join(info)

class PizzaBuilder:
    def __init__(self):
        self.extra_cheese = False
```

```
        self.garlic = False

    def add_garlic(self):
        self.garlic = True
        return self

    def add_extra_cheese(self):
        self.extra_cheese = True
        return self

    def build(self):
        return Pizza(self)

if __name__ == '__main__':
    pizza = Pizza.PizzaBuilder().add_garlic().add_extra_cheese().build()
    print(pizza)
```

这里使用流畅建造者模式调整了比萨示例。你更喜欢哪一个版本呢？每个版本的优点和缺点是什么呢？

2.4   小结

本章介绍了如何使用建造者设计模式。在不太适合使用工厂模式（工厂方法或抽象工厂）的情况下，我们使用建造者模式创建对象。在以下情况中，构建者模式通常比工厂模式更好。

❑ 想要创建一个复杂的对象（一个由许多部分组成的对象，并且可能需要遵循特定的顺序在不同的步骤中创建）。
❑ 需要对象的不同表现形式，并希望保持对象的构造与表示解耦。
❑ 希望在某个时间点创建一个对象，但在稍后的时间点访问它。

我们了解了如何在快餐店中使用建造者模式准备食物，以及第三方 Django 包 Django-widgy 和 Django-query-builder 是如何使用建造者模式分别生成 HTML 页面和动态 SQL 查询的。我们重点讨论了建造者模式和工厂模式之间的差异，为了清楚地阐释这些差异，我们提供了一个预配置（工厂）计算机和客户定制（建造者）计算机订单的类比。

我们还了解了如何运用准备程序创建一个比萨点餐应用程序。本章有许多推荐你完成的有趣练习，包括实现一个流畅建造者。

在下一章中，你将学习其他有用的创建型模式。

第 3 章 其他创建型模式 3

上一章介绍了第三种创建型模式，即建造者模式，它提供了一种创建复杂对象不同部分的好方法。除了前面介绍过的工厂方法、抽象工厂和建造者模式之外，还有其他一些创建型模式也值得讨论，例如**原型模式**和**单例模式**。

什么是原型模式？当需要使用**克隆**技术，基于现有对象创建对象时，原型模式非常有用。

你可能已经猜到了，其思想是使用一个具有某个对象完整结构的副本来生成新对象。我们将看到，这在 Python 中几乎是很自然的，因为有一个在使用这种技术时非常有用的**复制特性**。

什么是单例模式？单例模式提供了一种实现类的方法，从该类中只能创建一个对象，因此称为单例。随着我们对这个模式的探索或者你自己的深入研究，你将会明白，人们一直以来都在讨论这个模式，甚至有人认为它是一种**反模式**。

除此之外，有趣的是，当我们仅需要创建一个对象时（例如，为程序存储和维护一个全局状态），单例模式是有用的，并可以使用 Python 中一些特殊的内置特性来实现。

本章将讨论：

❑ 原型模式
❑ 单例模式

3.1 原型模式

有时，我们需要创建一个对象的精确副本。例如，你希望创建一个应用程序，用于存储、共享、编辑演示文稿和营销内容，以便销售人员推销产品。想一想被称为**直销**或**网络营销**的流行分销模式，这是一种基于家庭的活动，其中个人与公司合作，使用促销工具（小册子、PowerPoint 演示文稿、视频等）在他们的社交网络内分销产品。

假设用户 Bob 在网络营销组织中领导一个分销商团队。他们每天都会用一个演示视频向客户介绍产品。在某些情况下，Bob 会让他的朋友 Alice 加入，而 Alice 也会使用相同的视频（其中一个指导原则是遵循系统，或者，如他们所说，**复制已被证明有效的内容**）。但 Alice 很快就发现了有可能加入其团队并帮忙扩展业务的潜在客户，但前提是她得使用法语视频，或者至少有法语字幕。他们应该怎么做？原始的演示视频无法用于可能出现的不同定制需求。

为了帮助大家，系统可以允许具有一定级别或信任等级的分销商（如 Bob）创建原始演示视频的独立副本，只要新版本在公开使用前得到**公司合规团队**的验证即可。每一个副本都被称为克隆，它是原始对象在特定时间点的精确副本。

因此，Bob 在合规团队的确认下（这是流程的一部分），制作了一份演示视频的副本以满足新的需求，并将其交给 Alice。然后她可以修改这个版本，增加法语字幕。

通过克隆，Bob 和 Alice 可以拥有自己的视频副本。因此，他们每个人的更改都不会影响另一个人的视频版本。在另一种情况下，也就是默认发生的情况，每个人都会持有对相同（引用）对象的引用。Bob 所做的更改会影响 Alice，反之亦然。

原型设计模式帮助我们创建对象克隆。在最简单的版本中，这个模式只是一个 `clone()` 函数，它接受一个对象作为输入参数并返回一个克隆。在 Python 中，这可以使用 `copy.deepcopy()` 函数来完成。

3.1.1　现实生活中的例子

一个非计算机领域的例子是绵羊多莉，它是苏格兰研究人员通过克隆一个乳腺细胞创造出来的。

有许多 Python 应用程序使用了原型模式（`j.mp/pythonprot`），但是几乎从来没有将其称为"原型"，因为克隆"对象"是 Python 的内置特性。

3.1.2　用例

当一个现有对象需要保持不变，而我们想创建它的精确副本，以便更改副本的某些部分时，原型模式非常有用。

此外，我们还经常需要复制从数据库取出的对象，这些对象通常引用其他基于数据库的对象。克隆这样一个复杂的对象成本很高（需要对数据库进行多次查询），所以原型是解决这个问题的一种便捷方法。

3.1.3　实现

如今，一些组织，甚至是规模很小的组织，通过他们的基础设施/DevOps 团队、主机提供商或者云服务提供商来处理许多网站和应用。

当你必须管理多个网站时，有时就会有点棘手。你需要快速访问信息，例如涉及的 IP 地址、域名及其过期日期，以及 DNS 参数的详细信息。所以你需要一种存储工具。

让我们想象一下这些团队如何处理日常活动中的这类数据，以及如何实现一个软件来帮助合并和维护数据（除了在 Excel 电子表格中）。

首先，我们需要导入 Python 的标准 copy 模块，如下所示：

```
import copy
```

在这个系统的中心，我们将有一个 Website 类，用于保存所有有用的信息，如名称、域名、描述、我们管理的网站的作者，等等。

在类的 __init__() 方法中，只有几个固定参数：name、domain、description 和 author。但是我们也需要灵活处事，客户端代码可以使用 kwargs 可变长度集合（一种 Python 字典）以关键字（name=value）的形式传递更多参数。

注意，Python 中有一个习惯用法，可以使用内置的 setattr() 函数，在对象 obj 上设置一个名为 attr 的任意属性，该属性的值为 val：setattr(obj, attr, val)。

因此，我们在初始化方法的最后，对类的可选属性使用这种技术：

```
for key in kwargs:
    setattr(self, key, kwargs[key])
```

Website 类定义如下：

```
class Website:
    def __init__(self, name, domain, description, author, **kwargs):
        '''可选参数的示例 (kwargs)：category, creation_date, technologies, keywords
        '''
        self.name = name
        self.domain = domain
        self.description = description
        self.author = author
        for key in kwargs:
            setattr(self, key, kwargs[key])

    def __str__(self):
        summary = [f'Website "{self.name}"\n',]
        infos = vars(self).items()
        ordered_infos = sorted(infos)
        for attr, val in ordered_infos:
            if attr == 'name':
                continue
            summary.append(f'{attr}: {val}\n')
        return ''.join(summary)
```

接下来，Prototype 类实现原型设计模式。

Prototype 类的核心是 clone()方法，它负责使用 copy.deepcopy()函数克隆对象。由于克隆意味着我们允许为可选属性设置值，因此要注意如何在 attrs 字典中使用 setattr()技巧。

此外，为了更方便，Prototype 类包含 register()和 unregister()方法，这两个方法可用于追踪字典中克隆的对象。

```python
class Prototype:
    def __init__(self):
        self.objects = dict()

    def register(self, identifier, obj):
        self.objects[identifier] = obj

    def unregister(self, identifier):
        del self.objects[identifier]

    def clone(self, identifier, **attrs):
        found = self.objects.get(identifier)
        if not found:
            raise ValueError(f'Incorrect object identifier:
            {identifier}')
        obj = copy.deepcopy(found)
        for key in attrs:
            setattr(obj, key, attrs[key])

        return obj
```

在 main()函数中，我们可以克隆第一个 Website 实例 site1，以获得第二个对象'site2'，如下面的代码所示。简单来说，我们实例化原型类并使用了它的.clone()方法。

```python
def main():
    keywords = ('python', 'data', 'apis', 'automation')
    site1 = Website('ContentGardening',
            domain='contentgardening.com',
            description='Automation and data-driven apps',
            author='Kamon Ayeva',
            category='Blog',
            keywords=keywords)

    prototype = Prototype()
    identifier = 'ka-cg-1'
    prototype.register(identifier, site1)
    site2 = prototype.clone(identifier,
        name='ContentGardeningPlayground',
        domain='play.contentgardening.com',
        description='Experimentation for techniques featured
        on the blog',
        category='Membership site',
        creation_date='2018-08-01')
```

最后，我们可以使用 id()函数返回一个对象的内存地址，以便比较两个对象的地址，如下所示。当我们使用深复制克隆对象时，克隆对象的内存地址一定与原始对象的内存地址不同。

```
for site in (site1, site2):
    print(site)
print(f'ID site1 : {id(site1)} != ID site2 : {id(site2)}')
```

你将在 prototype.py 文件中找到程序的完整代码。以下是代码摘要。

(1) 首先，导入 copy 模块。

(2) 定义 Website 类，并添加前文所示的初始化方法（__init__()）和字符串展示方法（__str__()）。

(3) 定义前文所示的 Prototype 类。

(4) 然后，添加 main() 函数，在其中我们做了如下事情。

- 定义我们需要的 keywords。
- 创建 Website 类的实例，名为 site1（我们在此使用 keywords 列表）。
- 创建 Prototype 对象，并使用它的 register() 方法来注册 site1 及其标识符（这会帮助我们跟踪字典中的克隆对象）。
- 克隆 site1 对象，获得 site2 对象。
- 展示结果（两个 Website 对象）。

下面是在我的机器上执行 python prototype.py 命令时的示例输出。

```
Website "ContentGardening"
author: Kamon Ayeva
category: Blog
description: Automation and data-driven apps
domain: contentgardening.com
keywords: ('python', 'data', 'apis', 'automation')

Website "ContentGardeningPlayground"
author: Kamon Ayeva
category: Membership site
creation_date: 2018-08-01
description: Experimentation for techniques featured on the blog
domain: play.contentgardening.com
keywords: ('python', 'data', 'apis', 'automation')

ID site1 : 2209666079432 != ID site2 : 2209666114000
```

事实上，原型符合预期。我们可以看到关于原始 Website 对象及其克隆体的信息。

查看 id() 函数的输出，可以看到这两个地址是不同的。

3.2　单例模式

单例模式将类的实例化限制为一个对象，这在你需要一个对象来协调系统的操作时非常有用。

这里的基本思想是，只创建特定类的一个实例来执行任务，以满足程序的需要。为了确保这是可行的，我们需要一些机制来防止类的多次实例化，并且防止克隆。

3.2.1   现实生活中的例子

在现实生活的场景中，我们可以想象一艘船的船长。在船上，他是老大。他负责做重要的决定，因此许多要求都是直接向他提出的。

在软件领域，Plone CMS 的核心是单例的实现。实际上，在 Plone 站点的根目录中有几个单例对象称为**工具**，每个对象负责为站点提供一组特定的特性。例如，**目录工具**处理内容指数化和搜索功能（内置的小型站点搜索引擎不需要集成如 ElasticSearch 之类的产品），**会员工具**处理用户资料，**注册表工具**提供一个配置注册表来存储和维护 Plone 网站不同的配置属性。每个工具对于站点来说都是全局的，都是从一个特定的单例类创建的，你无法在站点的上下文中创建该单例类的另一个实例。

3.2.2   用例

只需要创建一个对象，或者需要某种能够维护程序全局状态的对象时，单例设计模式非常有用。

其他可能的用例如下。

❑ 控制对共享资源的并发访问。例如，负责管理与数据库间连接的类。
❑ 横向的服务或资源，即它可以从应用程序的不同部分访问，也可以由不同的用户访问并执行其工作。例如，位于日志系统或实用程序库核心的类。

3.2.3   实现

让我们实现一个从网页获取内容的程序，该程序的灵感来自 Michael Ford 的教程。我们只截取了简单的部分，因为重点是说明我们的模式，而不是构建一个特殊的 Web 抓取工具。

我们将使用 urllib 模块通过网页的 URL 连接到页面。程序的核心是 URLFetcher 类，该类负责通过 fetch() 方法完成工作。

我们希望能够跟踪那些已经被跟踪的网页列表，因此使用了单例模式：我们需要一个对象来维护该全局状态。

首先，下面是受上述教程启发的简易版本，但已进行了修改，以帮助我们跟踪被抓取的 URL 列表：

```
import urllib.parse
import urllib.request

class URLFetcher:
```

```
def __init__(self):
    self.urls = []
def fetch(self, url):
    req = urllib.request.Request(url)
    with urllib.request.urlopen(req) as response:
        if response.code == 200:
            the_page = response.read()
            print(the_page)
            urls = self.urls
            urls.append(url)
            self.urls = urls
```

作为练习，添加通常使用的 `if __name__ == '__main__'` 代码块，并使用几行代码在 URLFetcher 实例上调用 `.fetch()` 方法。

但是，我们的类实现了单例吗？这里有个提示。要创建一个单例，我们需要确保只能创建它的一个实例。因此，为了观察我们的类是否实现了单例，可以使用一种技巧——用 is 操作符比较两个实例。

你可能已经猜到了第二个练习。将以下代码放入 `if __name__ == '__main__'` 块中，来替代之前的代码：

```
f1 = URLFetcher()
f2 = URLFetcher()
print(f1 is f2)
```

另一种选择是，使用简洁但不失优雅的形式：

```
print(URLFetcher() is URLFetcher())
```

做了这个更改后，在执行程序时，应该会输出 False。

好吧！这意味着第一次尝试没有产生单例。请记住，我们希望使用且仅使用该类的一个实例来管理全局状态。这个类的当前版本还没有实现单例。

在查看了网上的文献和论坛之后，你会发现几种技巧，并且每种技巧都有优点和缺点，不过有些可能已经过时了。

由于现在很多人使用 Python 3，我们推荐的技巧是**元类**技巧。首先为单例模式实现一个**元类**，它是用于实现单例模式的类的类（或类型），如下所示：

```
class SingletonType(type):
    _instances = {}
    def __call__(cls, *args, **kwargs):
        if cls not in cls._instances:
            cls._instances[cls] = super(SingletonType,
            cls).__call__(*args, **kwargs)
        return cls._instances[cls]
```

现在，我们将重写 URLFetcher 类来使用这个元类。我们还添加了 dump_url_registry() 方法，该方法有助于获得当前跟踪的 URL 列表。

```python
class URLFetcher(metaclass=SingletonType):

    def fetch(self, url):
        req = urllib.request.Request(url)
        with urllib.request.urlopen(req) as response:
            if response.code == 200:
                the_page = response.read()
                print(the_page)
                urls = self.urls
                urls.append(url)
                self.urls = urls

    def dump_url_registry(self):
        return ', '.join(self.urls)

if __name__ == '__main__':
    print(URLFetcher() is URLFetcher())
```

这一次，执行程序将输出 True。

使用 main() 函数来完成我们想要的程序：

```python
def main():

    MY_URLS = ['http://www.voidspace.org.uk',
               'http://google.com',
               'http://python.org',
               'https://www.python.org/error',
               ]

    print(URLFetcher() is URLFetcher())

    fetcher = URLFetcher()
    for url in MY_URLS:
        try:
            fetcher.fetch(url)
        except Exception as e:
            print(e)
    print('-------')
    done_urls = fetcher.dump_url_registry()
    print(f'Done URLs: {done_urls}')
```

你将在 singleton.py 文件中找到程序的完整代码。以下是代码摘要。

(1)首先，导入所需的模块 urllib.parse 和 urllib.request。

(2) 定义前文所示的 SingletonType 类，并添加__call__()方法。

(3)定义前文所示的 URLFetcher 类，这个类实现了抓取网页的功能，然后传入 urls 属性并将它实例化。添加 fetch() 和 dump_url_registry() 方法。

(4) 添加 `main()` 函数。

(5) 添加 Python 的常用代码段以调用 `main` 函数。

执行 `python singleton.py` 命令时的示例输出如下。

```
fo/python-dev" title="">python-dev list</a></li>\n  \n        <li class="tier-2 element-4" role="treeitem"><a href="/
ev/core-mentorship/" title="">Core Mentorship</a></li>\n  \n</ul>\n\n  \n        </li>\n  \n</ul>\n\n  \n
      <a id="back-to-top-2" class="jump-link" href="#python-network"><span aria-hidden="true" class="icon-arrow-up">
span>&#9650;</span></span> Back to Top</a>\n      </div><!-- end .container -->\n
       </div> <!-- end .main-footer-links -->\n\n        <div class="site-base">\n          <div class="contai
er">\n          <ul class="footer-links navigation menu do-not-print" role="tree">\n
s> Contact</a></li>\n          <li class="tier-1 element-1"><a href="/about/help/">Help &amp; <span class="say-no-more">General</s
span class="say-no-more">Initiatives</span></a></li>\n          <li class="tier-1 element-2"><a href="/community/diversity/">Diversity <s
://github.com/python/pythondotorg/issues">Submit Website Bug</a></li>\n          <li class="tier-1 element-3"><a href="https
-4">\n          <a href="https://status.python.org/">Status <span class="python-status-indicator-defau
lt" id="python-status-indicator"></span></a>\n          </li>\n        </ul>\n\n
       <div class="copyright">\n                <p><small>\n                 <span class="pre">Copyrig
ht &copy;2001-2018.</span>\n                     <span class="pre"><a href="/psf-landing/">Python Software
Foundation</a></span>\n                       <span class="pre"><a href="/about/legal/">Legal Statements</a></
span>\n                       <span class="pre"><a href="/privacy/">Privacy Policy</a></span>\n
             <span class="pre"><a href="/psf/sponsorship/sponsors/">Powered by Rackspace</a></span>\n           </di
</small>\n          </div><!-- end .container -->\n            </div><!-- end .container -->\n        </di
v><!-- end .site-base -->\n\n        </footer>\n\n    </div><!-- end #touchnav-wrapper -->\n\n        <script src="//a
jax.googleapis.com/ajax/libs/jquery/1.8.2/jquery.min.js"></script>\n     <script>window.jQuery || document.write(\'<scrip
t src="/static/js/libs/jquery-1.8.2.min.js">\\/script\')</script>\n          <script src="/static/js/libs/masonry.pkgd.min
.js"></script>\n          <script type="text/javascript" src="/static/js/main-min.js" charset="utf-8"></script>\n
<!--[if lte IE 7]>\n          <script type="text/javascript" src="/static/js/plugins/IE8-min.js" charset="utf-8"></script>\n
 \n      <![endif]-->\n\n    <!--[if lte IE 8]>\n          <script type="text/javascript" src="/static/js/plugins/getCom
putedStyle-min.js" charset="utf-8"></script>\n  \n      <![endif]-->\n\n    \n\n    \n\n</body>\n</html>\n'
HTTP Error 404: OK
-------
Done URLs: http://www.voidspace.org.uk, http://google.com, http://python.org
```

可以看到，我们得到了预期的结果：程序能够连接到的页面内容和操作成功的 URL 列表。

我们看到，`fetcher.dump_url_registry()` 返回的列表中没有https://www.python. org/error。这确实是一个错误的 URL，`urlllib` 请求得到 404 响应代码。

 指向前一个 URL 的链接不应该工作，这正是问题所在。

3.3　小结

本章介绍了如何使用另外两种创建型设计模式：原型模式和单例模式。

原型模式用于创建对象的精确副本。一般情况下，创建对象的副本就是对相同的对象进行新的引用，这种方法被称为**浅复制**。但是，如果需要复制对象（原型就是这种情况），则需要进行**深复制**。

正如我们在实现示例中看到的，在 Python 中使用原型是很自然的，而且是基于内置的特性，因此我们甚至没有提到它。

单例模式可以通过让单例类使用一个元类（它的类型）来实现，之前已经定义了这个元类。根据需要，元类的 `__call__()` 方法确保只能创建一个类实例。

下一章介绍适配器模式，这是一种结构型设计模式，可用于使两个不兼容的软件接口兼容。

## 第 4 章

适配器模式

前几章讨论了创建型模式，它们是帮助我们创建对象的面向对象编程模式。我们要介绍的下一类模式是**结构型设计模式**。

结构型设计模式提出了一种组合对象以创建新功能的方法。我们将介绍的第一个模式是**适配器模式**。

适配器模式是一种结构型设计模式，能帮助我们使两个不兼容的接口兼容。这到底是什么意思？如果我们想在一个新系统中使用一个旧组件，或者想在一个旧系统中使用一个新组件，那么这两个组件很少能够在不需要对代码做任何更改的情况下进行通信。但是，更改代码并非总能实现，要么是因为我们无法访问它，要么是因为不可能更改它。在这种情况下，可以编写额外的一层代码来进行所有必要的修改，以支持两个接口之间的通信。这一层代码被称为**适配器**。

通常，如果你想使用 function_a()作为接口，但是只有 function_b()，则可以使用适配器将 function_b()转换（适配）为 function_a()。

本章将讨论：

❑ 现实生活中的例子
❑ 用例
❑ 实现

4.1 现实生活中的例子

当你到英国、美国，或其他国家旅行时，需要使用插头适配器为你的笔记本电脑充电。将一些设备连接到计算机时，需要使用相同类型的适配器：USB 适配器。

在软件类别中，Zope 应用服务器以其 **Zope 组件体系结构（ZCA）**而闻名，它提供了几个大型 Python Web 项目使用的接口和适配器的实现。Pyramid 由前 Zope 开发人员构建，它是一个 Python Web 框架，借鉴了 Zope 的优秀思想，为开发 Web 应用程序提供了一种更模块化的方法。

Pyramid 利用适配器使现有对象能够符合特定的 API，而无须修改它们。Zope 生态系统的另一个项目 Plone CMS 在底层使用适配器。

4.2　用例

通常，这两个不兼容的接口中有一个要么是外来的，要么是旧的/遗留的。如果接口是外来的，则意味着我们无法访问源代码。如果它是旧的，重构它通常是不切实际的。

在代码被实现后，利用适配器使代码起作用是一种很好的方法，因为它不需要访问外部接口的源代码。如果我们必须重用一些遗留代码，它通常也是一个实用的解决方案。

4.3　实现

让我们看一个相当简单的应用程序来说明**适配器**：一个俱乐部的活动，主要是通过聘请有才华的艺术家，组织演出和活动，来为客户提供娱乐活动。

在核心部分有一个 Club 类，艺术家被请到俱乐部在晚上表演节目。organize_performance()方法是俱乐部可以执行的主要操作。代码如下：

```
class Club:
    def __init__(self, name):
        self.name = name

    def __str__(self):
        return f'the club {self.name}'

    def organize_event(self):
        return 'hires an artist to perform for the people'
```

大多数情况下，我们的俱乐部会雇一名 DJ 来表演，而我们的应用程序解决了组织多种表演的需求，比如音乐家或乐队演出、舞蹈演员演出、单人演出等表演形式。

通过尝试重用现有代码，我们发现了一个开源贡献的库，它为我们带来了两个有趣的类：Musician 和 Dancer。在 Musician 类中，主要动作由 play()方法执行。在 Dancer 类中，主要动作由 dance()方法执行。

在我们的例子中，为了表明这两个类是外部的，我们将它们放在一个单独的模块中。Musician 类的代码如下：

```
class Musician:
    def __init__(self, name):
        self.name = name

    def __str__(self):
```

```
        return f'the musician {self.name}'

    def play(self):
        return 'plays music'
```

Dancer 类定义如下：

```
class Dancer:
    def __init__(self, name):
        self.name = name
    def __str__(self):
        return f'the dancer {self.name}'
    def dance(self):
        return 'does a dance performance'
```

使用这些类的客户端代码只知道如何调用 organize_performance()方法（在 Club 类上），而不知道如何调用 play()和 dance()（在来自外部库的各个类上）。

如何在不更改 Musician 和 Dancer 类的情况下使代码起作用？

让适配器来帮助你！我们创建了一个通用 Adapter 类，它允许我们将具有不同接口的许多对象调整为一个统一的接口。__init__()方法的 obj 参数是我们想要修改的对象，adapted_methods 是一个字典，它包含与客户端调用的方法和应该调用的方法匹配的键值对。

Adapter 类的代码如下：

```
class Adapter:
    def __init__(self, obj, adapted_methods):
        self.obj = obj
        self.__dict__.update(adapted_methods)
    def __str__(self):
        return str(self.obj)
```

当处理不同的类的实例时，有如下两种情况。

❑ 属于 Club 类的兼容对象不需要调整。我们可以直接使用它。
❑ 首先需要使用 Adapter 类调整不兼容的对象。

结果是，客户端代码可以在所有对象上继续使用已知的 organize_performance()方法，而无须知晓使用的类之间的接口差异。考虑以下代码：

```
def main():
    objects = [Club('Jazz Cafe'), Musician('Roy Ayers'), Dancer('Shane
Sparks')]
    for obj in objects:
        if hasattr(obj, 'play') or hasattr(obj, 'dance'):
            if hasattr(obj, 'play'):
                adapted_methods = dict(organize_event=obj.play)
            elif hasattr(obj, 'dance'):
                adapted_methods = dict(organize_event=obj.dance)
```

```
# 此处指被适配的对象
obj = Adapter(obj, adapted_methods)
print(f'{obj} {obj.organize_event()}')
```

让我们概括一下适配器模式实现的完整代码。

(1) 定义 Musician 和 Dancer 类（在 external.py 中）。

(2) 从外部模块中导入那些类（在 adapter.py 中）。

```
from external import Musician, Dance
```

(3) 定义 Adapter 类（在 adapter.py 中）。

(4) 如前文所示，添加 main() 函数，然后以惯用的技巧调用它（在 adapter.py 中）。

执行 python adapter.py 命令时的输出如下。

```
the club Jazz Cafe hires an artist to perform for the people
the musician Roy Ayers plays music
the dancer Shane Sparks does a dance performance
```

如你所见，我们设法使 Musician 和 Dancer 类与客户端期望的接口兼容，而不需要更改它们的源代码。

4.4　小结

本章讨论了适配器设计模式。我们使用适配器模式使两个或多个不兼容的接口兼容。我们每天都使用适配器来连接设备、给它们充电，等等。

适配器让代码发挥作用。Pyramid Web 框架、Plone CMS 以及其他基于 Zope 或与 Zope 相关的框架使用适配器模式来实现接口的兼容性。

我们了解了如何在不修改不兼容模型源代码的情况下使用适配器模式实现接口一致性。这是通过一个通用 Adapter 类实现的。

下一章将介绍装饰器模式。

## 第 5 章

装饰器模式

正如我们在前一章中看到的，使用**适配器**（第一种结构型设计模式），你可以调整已经实现给定接口的对象，以实现另一个接口，这称为**接口适应**。它是一种鼓励组合而不是继承的模式，当你必须维护大型代码库时，它可能会带来好处。

我们要学习的第二个有趣的结构型模式是**装饰器**模式，它允许程序员以透明的方式（在不影响其他对象的情况下）动态地向对象添加职责。

我们对这种模式感兴趣还有另一个原因，稍后你将看到。

由于 Python 内置的装饰器特性，我们可以以 Python 的方式编写装饰器（即使用 Python 语言的特性）。这种特性到底是什么？ Python 装饰器是一个**可调用对象**（函数、方法或类），它获取函数对象 func_in 作为输入，并返回另一个函数对象 func_out。它是一种常用于扩展函数、方法或类的行为的技术。

但是，这个特性对你来说并不陌生。第 1 章和第 2 章中已经介绍了如何使用内置的**属性**装饰器将方法作为变量。Python 还有其他几个有用的内置装饰器。在 5.3 节中，我们将学习如何实现和使用自己的装饰器。

注意，装饰器模式和 Python 的装饰器特性之间不存在一对一的关系。Python 装饰器可以用来实现装饰器模式，但它能做的不止于此（j.mp/moinpydec）。

本章将讨论：

❑ 现实生活中的例子
❑ 用例
❑ 实现

5.1　现实生活中的例子

装饰器模式通常用于扩展对象的功能。在日常生活中，扩展对象的例子有：在枪上添加消音器，使用不同的相机镜头，等等。

Django 框架使用了很多装饰器，其中的 `View` 装饰器可以用于下列情况（`j.mp/djangodec`）：

- 基于 HTTP 请求限制对视图的访问；
- 控制特定视图上的缓存行为；
- 基于每个视图控制压缩；
- 基于特定 HTTP 请求头控制缓存。

Pyramid 框架和 Zope 应用服务器也使用装饰器来实现各种目标：

- 将函数注册为事件订阅者；
- 使用特定权限保护方法；
- 实现适配器模式。

5.2　用例

装饰器模式在用于实现横切关注点代码时表现出色（`j.mp/wikicrosscut`）。横切关注点的例子如下：

- 数据验证
- 缓存
- 登录
- 监测
- 调试
- 业务规则
- 加密

一般来说，应用程序中通用的、可以应用于其他部分的所有部分都被认为是横切关注点。

使用装饰器模式的另一个流行示例是**图形用户界面**（GUI）工具包。在 GUI 工具包中，我们希望能够添加诸如边框、阴影、颜色以及滚动到单个组件/小部件等特性。

5.3　实现

Python 装饰器是通用的，并且非常强大。你可以在 python.org 的 **decorator** 库（`j.mp/pydeclib`）中找到它们的许多使用示例。在本节中，我们将了解如何实现一个缓存装饰器（`j.mp/memoi`）。所有递归函数都可以从缓存中获益，所以让我们尝试一个函数 `number_sum()`，它返回前 n 个数字的和。注意，这个函数在 `math` 模块中已经作为 `fsum()` 可用，但是我们假装没有这个函数。

首先，让我们看一下简单的实现（number_sum_naive.py 文件）：

```python
def number_sum(n):
    '''返回前 n 个数字的和'''
    assert(n >= 0), 'n must be >= 0'
    if n == 0:
        return 0
    else:
        return n + number_sum(n-1)

if __name__ == '__main__':
    from timeit import Timer
    t = Timer('number_sum(30)', 'from __main__ import number_sum')
    print('Time: ', t.timeit())
```

上述示例的执行结果显示了这个实现有多慢。计算前 30 个数的和需要 15 秒。在执行 python number_sum_naive.py 命令时，我们得到以下输出：

```
Time: 15.69870145995352
```

让我们看看使用缓存是否可以提高性能。在下面的代码中，我们使用一个 dict 来缓存已经计算出的和。我们还更改了传递给 number_sum() 函数的参数，想计算前 300 个数的和而不是前 30 个数的和。

使用缓存的新代码版本如下：

```python
sum_cache = {0:0}
def number_sum(n):
    '''返回前 n 个数字的和'''
    assert(n >= 0), 'n must be >= 0'
    if n in sum_cache:
        return sum_cache[n]
    res = n + number_sum(n-1)
    # 将值加入缓存
    sum_cache[n] = res
    return res
if __name__ == '__main__':
    from timeit import Timer
    t = Timer('number_sum(300)', 'from __main__ import number_sum')
    print('Time: ', t.timeit())
```

执行基于缓存的代码可以显著提高性能，甚至对于计算大值也是可以接受的。

以下是执行命令 python number_sum.py 的结果：

```
Time: 0.5695815602065222
```

不过这种方法存在一些问题。虽然性能不再是问题，但是代码并没有之前清晰。如果我们决定用更多的数学函数扩展代码并将其转换为模块，会发生什么呢？我们可以想出几个函数，它们对我们的模块很有用，比如帕斯卡三角形或者斐波那契数列算法。

因此，如果我们希望在与 number_sum() 相同的模块中有一个函数，对斐波那契数列使用相同的缓存技术，我们将添加如下代码：

```
cache_fib = {0:0, 1:1}

def fibonacci(n):
    '''返回斐波那契数列的第 n 个数'''
    assert(n >= 0), 'n must be >= 0'
    if n in cache_fib:
        return cache_fib[n]
    res = fibonacci(n-1) + fibonacci(n-2)
    cache_fib[n] = res
    return res
```

你注意到问题了吗？最后，我们得到了一个名为 cache_fib 的新字典，充当 fibonacci() 函数的缓存，这个函数比不使用缓存的函数要复杂得多。我们的模块变得非常复杂。有没有可能在编写这些函数时保持简洁，同时实现类似于使用缓存函数的性能呢？

幸运的是，我们可以使用装饰器模式。

首先，创建一个 memoize() 装饰器，如下所示。它接受一个需要缓存的函数 fn 作为输入。它使用一个名为 cache 的 dict 作为缓存的数据容器。函数 functools.wraps() 的作用是在创建装饰器时提供方便。使用它不是强制性的，却是一种良好的实践，因为它确保了文档和装饰过的函数的签名得到保留（j.mp/funcwrap）。在这种情况下需要参数列表*args，因为我们想要修饰的函数接受输入参数（例如两个函数的 n 个参数）：

```
import functools

def memoize(fn):
    cache = dict()

    @functools.wraps(fn)
    def memoizer(*args):
        if args not in cache:
            cache[args] = fn(*args)
        return cache[args]

    return memoizer
```

现在，我们可以使用 memoize() 装饰器来实现函数的简单版本。这样做的好处是可以在不影响性能的情况下提高代码的可读性。我们使用所谓的装饰（或装饰线）来应用装饰器。装饰使用@name 语法，其中 name 是我们要使用的装饰器的名称。对于简化修饰符的使用，它不过是一种语法糖。我们甚至可以绕过这种语法，手动执行装饰器，但这是留给你的练习。

现在 memoize() 修饰符可以与递归函数一起使用，如下所示：

```
@memoize
def number_sum(n):
```

```
        '''返回前 n 个数字的和'''
        assert(n >= 0), 'n must be >= 0'
        if n == 0:
            return 0
        else:
            return n + number_sum(n-1)

@memoize
def fibonacci(n):
        '''返回斐波那契数列的第 n 个数'''
        assert(n >= 0), 'n must be >= 0'
        if n in (0, 1):
            return n
        else:
            return fibonacci(n-1) + fibonacci(n-2)
```

在代码的最后一部分，通过 main() 函数，我们展示了如何使用修饰后的函数并度量它们的性能。to_execute 变量用于保存元组列表，其中包含对每个函数的引用和对应的 timeit.Timer() 调用代码（在执行代码的同时，测量花费的时间），从而避免代码重复。注意 __name__ 和 __doc__ 方法属性如何分别显示正确的函数名和文档值。尝试从 memoize() 中删除 @functools.wrap(fn) 装饰，看看是否仍然如此。

代码的最后一部分如下所示：

```
def main():
    from timeit import Timer

    to_execute = [
        (number_sum,
         Timer('number_sum(300)', 'from __main__ import number_sum')),
        (fibonacci,
         Timer('fibonacci(100)', 'from __main__ import fibonacci'))
    ]

    for item in to_execute:
        fn = item[0]
        print(f'Function "{fn.__name__}": {fn.__doc__}')
        t = item[1]
        print(f'Time: {t.timeit()}')
        print()

if __name__ == '__main__':
    main()
```

让我们概括一下编写数学模块的完整代码的方式（mymath.py 文件）。

(1) 首先，导入 Python functools 模块，并定义 memoize() 装饰器函数。

(2) 然后，定义 number_sum() 函数，并使用 memoize() 装饰。

(3) 按照同样的方法定义 fibonacci() 并装饰。

(4) 最后，添加 main() 函数，并使用常用技巧调用它。

执行 `python mymath.py` 命令的示例输出如下。

```
Function "number_sum": Returns the sum of the first n numbers
Time: 0.65116599908041739

Function "fibonacci": Returns the suite of Fibonacci numbers
Time: 0.6524761144050873
```

你执行的结果可能不同。

很好。我们最终得到了可读的代码和可接受的性能。现在，你可能会认为这不是装饰器模式，因为我们不会在运行时应用它。事实上，装饰后的函数不能去掉装饰器，但是你仍然可以在运行时决定是否执行装饰器。这是留给你的一个有趣练习。

使用作为包装器的装饰器，它根据某些条件决定是否执行真正的装饰器。

装饰器的另一个有趣特性本章并没有涉及：可以使用多个装饰器装饰函数。下面是一个练习：创建一个装饰器帮助你调试递归函数，并将其应用于 `number_sum()` 和 `fibonacci()`。多个装饰器会以什么顺序执行呢？

5.4　小结

本章讨论了装饰器模式及其与 Python 编程语言的关系。装饰器模式为我们提供了一种便捷的方式，可在不使用继承的情况下扩展对象的行为。Python 自带的装饰器特性进一步扩展了装饰器的概念，它允许我们扩展任何可调用对象（函数、方法或类）的行为，而无须使用继承或组合。

我们见过一些装饰过的现实世界对象的例子，比如相机。从软件的角度来看，Django 和 Pyramid 都使用装饰器来实现不同的目标，例如控制 HTTP 压缩和缓存。

装饰器模式是实现横切关注点的一个很好的解决方案，因为它们是通用的，不太适合面向对象编程范式。5.2 节中提到了几种横切关注点情形。事实上，5.3 节向你展示了一个横切关注点的例子：缓存。我们看到了装饰器如何帮助保持函数整洁，同时又不牺牲性能。

下一章会介绍桥接模式。

## 第 6 章

桥接模式

前两章讨论了适配器模式以及装饰器模式。前者使两个不兼容的接口兼容，而后者允许我们以一种动态的方式给对象添加职责。还有更多类似的模式。让我们继续！

第三种结构型模式是**桥接**模式。我们实际上可以比较桥接模式和适配器模式，看看它们是如何工作的。虽然稍后将使用适配器使不相关的类协同工作，但正如我们在第 4 章的实现示例中看到的那样，桥接模式是预先设计的，以便将实现与其抽象解耦。

本章将讨论：

❑ 现实生活中的例子
❑ 用例
❑ 实现

6.1　现实生活中的例子

在现代日常生活中，我能想到的桥接模式的一个例子来自**数字经济**：信息产品。如今，人们可以在网上找到一些资源，用于培训、自我完善或提升思想和促进业务的发展，信息产品（infoproduct）就是其中不可分割的一部分。对于某些市场或提供商网站上的信息产品，其目的是以易于访问和消费的方式，提供关于给定主题的信息。提供的材料可以是 PDF 文档或电子书、电子书系列、视频、视频系列、在线课程、基于订阅的新闻短讯，或所有这些格式的组合。

在软件领域，当操作系统的开发人员定义接口，以供设备供应商实现时，我们常把**设备驱动程序**当作桥接模式的一个例子。

6.2　用例

当你希望在多个对象之间共享实现时，使用桥接模式是一个好主意。基本上，你不用实现几个专门的类，再定义每个类中需要的所有组件，而是可以只定义以下特殊组件：

 ❑ 一个适用于所有类的抽象；
 ❑ 提供给不同对象的独立接口。

我们即将看到的实现示例将演示这种方法。

6.3　实现

假设我们正在构建一个应用程序，用户从不同来源获取内容后，将在其中管理和交付内容。这个应用可能是：

 ❑ 一个网页（基于其 URL）；
 ❑ 一个在 FTP 服务器上访问的资源；
 ❑ 一个本地文件系统中的文件；
 ❑ 一个数据库服务器。

大概的想法是：不用实现多个内容类，并在每个类中包含方法以在应用程序内获取、组装和展示内容，我们可以为**资源内容**定义一个抽象，并为负责抓取内容的对象定义一个单独的接口。让我们试一试！

我们从资源内容抽象的类开始，它称为 ResourceContent。然后，需要为帮助获取内容的实现类定义接口，即 ResourceContentFetcher 类。这个概念称为**实现者**。

这里使用的第一个技巧是，通过 ResourceContent 类上的属性（_imp），维护实现者的对象引用：

```
class ResourceContent:
    """
    定义抽象接口
    维护一个实现者的对象引用
    """

    def __init__(self, imp):
        self._imp = imp

    def show_content(self, path):
        self._imp.fetch(path)
```

正如你现在可能知道的，我们使用 Python 的两个特性来定义等价的接口，分别是 metaclass 特性（它帮助定义**类型的类型**）和**抽象基类**（ABC）：

```
class ResourceContentFetcher(metaclass=abc.ABCMeta):
    """
    为获取内容的实现类定义接口
    """

    @abc.abstractmethod
```

```
def fetch(path):
    pass
```

现在，我们可以添加一个实现类来从网页或资源中获取内容：

```
class URLFetcher(ResourceContentFetcher):
    """
    实现实现者接口并定义其具体实现
    """
    def fetch(self, path):
        # path 是一个 URL
        req = urllib.request.Request(path)
        with urllib.request.urlopen(req) as response:
            if response.code == 200:
                the_page = response.read()
                print(the_page)
```

我们还可以添加一个实现类来从本地文件系统上的文件中获取内容：

```
class LocalFileFetcher(ResourceContentFetcher):
    """
    实现实现者接口并定义其具体实现
    """

    def fetch(self, path):
        # path 是到一个文本文件的文件路径
        with open(path) as f:
            print(r.read())
```

基于此，我们在主函数中使用两个**内容获取器**以展示内容，代码如下：

```
def main():
    url_fetcher = URLFetcher()
    iface = ResourceContent(url_fetcher)
    iface.show_content('http://python.org')

    print('====================')
    localfs_fetcher = LocalFileFetcher()
    iface = ResourceContent(localfs_fetcher)
    iface.show_content('file.txt')
```

下面总结了示例（bridge.py 文件）的完整代码。

(1) 导入项目需要的三个模块（`abc`、`urllib.parse` 和 `urllib.request`）。

(2) 为抽象的接口定义 `ResourceContent` 类。

(3) 为实现者定义 `ResourceContentFetcher` 类。

(4) 定义两个 implementation 类。

    ❏ `URLFetcher` 用于从 URL 中抓取内容。

    ❏ `LocalFileFetcher` 用于从本地文件系统中抓取内容。

    ❏ 最后，添加 `main()` 函数，并调用它。

执行 `python bridge.py` 命令的示例输出如下。

这是一个基本的例子，说明如何在设计中使用桥接模式从不同的源提取内容，并将结果集成到相同的数据操作系统或用户界面中。

6.4 小结

本章讨论了桥接模式。虽然与适配器模式有相似之处，但桥接模式能够预先以解耦的方式定义抽象及其实现，以便两者可以独立地变化。

在为操作系统和设备驱动程序、GUI 以及网站构建器（有多个主题，并且需要根据某些属性更改网站的主题）等领域编写软件时，桥接模式非常有用。

为了帮助你理解这个模式，我们讨论了内容提取和管理领域中的一个示例，在其中为抽象和实现者分别定义了一个接口，并提供了两种实现。

下一章将介绍外观模式。

## 第 7 章

外观模式

前一章介绍了第三个结构型模式——桥接模式。它帮助我们以一种解耦的方式定义抽象及其实现，以便两者可以独立地变化。

系统会随着发展变得非常复杂，最后通常会得到一个非常大的（有时令人困惑的）类与交互的集合。在许多情况下，我们不想将这种复杂性暴露给客户端。这就是下一个结构型模式——**外观模式**——的用武之地。

外观设计模式帮助我们隐藏系统的内部复杂性，并通过一个简化的接口，只向客户端公开需要的内容。从本质上说，外观模式是在现有复杂系统上实现的抽象层。

让我们以计算机为例来说明问题。计算机是一台复杂的机器，依赖于几个部分才能充分发挥作用。为了简单起见，这里"计算机"一词指的是使用冯·诺伊曼体系结构的 IBM 派生产品。启动计算机是一个特别复杂的过程。CPU、主内存和硬盘需要启动和运行，引导加载程序必须从硬盘加载到主内存，CPU 必须引导操作系统内核，等等。我们没有将所有这些复杂的内容公开给客户端，而是创建了一个封装整个过程的外观，以确保所有步骤都按正确的顺序执行。

在对象设计和编程方面，我们应该有好几个类，但是只有 Computer 类需要暴露给客户端代码。例如，客户端只需要执行 Computer 类的 start() 方法，所有其他复杂部分都由外观 Computer 类处理。

本章将讨论：

❏ 现实生活中的例子
❏ 用例
❏ 实现

7.1 现实生活中的例子

外观模式在生活中非常常见。当你打电话给银行或公司时，通常会先接到客户服务部。客户服务员工就是你、实际部门（账单、技术支持、一般帮助等）和将帮助你解决特定问题的员工之间的外观。

再举一个例子，用来打开汽车或摩托车的钥匙也可以被认为是外观。这是激活内部非常复杂系统的一种简单方法。当然，其他复杂的电子设备也是如此，我们可以用一个按钮来激活它们，比如计算机。

在软件方面，`django-oscar-dataCash` 模块是集成 **DataCash** 支付网关的 Django 第三方模块。该模块有一个网关类，提供了对各种 DataCash API 的细粒度访问。除此之外，它还提供了一个外观类、一个粒度更小的 API（对于那些不想混淆细节的人来说），以及将交易保存以便审计的能力。

7.2   用例

使用外观模式最常见的原因是为复杂系统提供一个简单的入口点。通过引入外观，客户端代码可以简单地调用单个方法/函数来使用系统。同时，内部系统不会丢失任何功能，外观只是封装了它。

不向客户端代码公开系统的内部功能给我们带来了额外的好处：可以向系统引入更改，但是客户端代码仍然不知道这些更改，并且不受这些更改的影响。客户端代码不需要修改。

如果系统中有多个层，那么外观也很有用。你可以为每一层引入一个外观入口点，并让所有层通过它们的外观相互通信。这样可以促进**松散耦合**，并尽可能保持层的独立性。

7.3   实现

假设我们想使用多服务器的方式创建一个操作系统，类似于 MINIX 3（`j.mp/minix3`）或 GNU Hurd（`j.mp/gnuhurd`）中的操作系统。多服务器操作系统有一个最小化的内核，称为**微内核**，以特权模式运行。系统的所有其他服务都遵循一种服务体系结构（驱动服务器、进程服务器、文件服务器，等等）。每个服务器属于不同的内存地址空间，并以用户模式在微内核上运行。这种方法的优点是，操作系统的容错度更高、更可靠、更安全。例如，由于所有驱动程序都在驱动服务器上以用户模式运行，因此驱动程序中的一个 bug 不会导致整个系统崩溃，也不会影响其他服务器。其缺点是性能开销和系统编程的复杂性，因为服务器和微内核以及独立服务器之间的通信都是使用消息传递进行的。消息传递比 Linux 等单内核中使用的共享内存模型更复杂（`j.mp/helenosm`）。

我们从 `Server` 接口开始讲起。`Enum` 参数描述服务器不同的可能状态。我们假设需要采取不同的操作来引导、终止和重新启动每个服务器，并使用 ABC 模块来禁止服务器接口的直接实例化，强制执行基本的 `boot()` 和 `kill()` 方法。如果你以前没有使用过 ABC 模块，请注意以下重要事项。

❑ 需要使用 metaclass 关键字子类化 ABCMeta。

❑ 使用 @abstractmethod 装饰器来声明哪些方法应该被服务器的所有子类（强制）实现。

尝试删除子类的 boot() 或 kill() 方法，看看会发生什么。在删除 @abstractmethod 装饰器之后也执行相同的操作。事情按照你的预期进行了吗？

思考如下代码：

```python
State = Enum('State', 'new running sleeping restart zombie')
class Server(metaclass=ABCMeta):
    @abstractmethod
    def __init__(self):
        pass
    def __str__(self):
        return self.name
    @abstractmethod
    def boot(self):
        pass
    @abstractmethod
    def kill(self, restart=True):
        pass
```

一个模块化的操作系统可以有许多有趣的服务器：文件服务器、进程服务器、身份验证服务器、网络服务、图形/窗口服务器，等等。下面的示例包括两个存根服务器：FileServer 和 ProcessServer。除了 Server 接口需要实现的方法之外，每个服务器都可以有自己的特定方法。例如，FileServer 有一个 create_file() 方法用于创建文件，ProcessServer 有一个 create_process() 方法用于创建进程。

FileServer 类如下所示：

```python
class FileServer(Server):
    def __init__(self):
        '''初始化文件服务器所需的操作'''
        self.name = 'FileServer'
        self.state = State.new

    def boot(self):
        print(f'booting the {self}')
        '''启动文件服务器所需的操作'''
        self.state = State.running

    def kill(self, restart=True):
        print(f'Killing {self}')
        '''终止文件服务器所需的操作'''
        self.state = State.restart if restart else State.zombie

    def create_file(self, user, name, permissions):
        '''检查访问权限、用户权限等的有效性'''
        print(f"trying to create the file '{name}' for user '{user}' with
permissions {permissions}")
```

ProcessServer 类如下所示：

```python
class ProcessServer(Server):
    def __init__(self):
        '''初始化进程服务器所需的操作'''
        self.name = 'ProcessServer'
        self.state = State.new

    def boot(self):
        print(f'booting the {self}')
        '''启动进程服务器所需的操作'''
        self.state = State.running

    def kill(self, restart=True):
        print(f'Killing {self}')
        '''终止进程服务器所需的操作'''
        self.state = State.restart if restart else State.zombie

    def create_process(self, user, name):
        '''检查用户权限、生成 PID 等'''
        print(f"trying to create the process '{name}' for user '{user}'")
```

OperatingSystem 类是一个外观。在__init__()中，创建了所有必需的服务器实例。客户端代码使用的 start()方法是系统的入口点。如果需要，可以添加更多包装器方法，作为对服务器服务的访问点，例如包装器、create_file()和 create_process()。从客户端的角度来看，所有这些服务都是由 OperatingSystem 类提供的。客户端不应该被不必要的细节所迷惑，比如服务器是否存在以及每个服务器的职责。

OperatingSystem 类的代码如下所示：

```python
class OperatingSystem:
    '''外观'''
    def __init__(self):
        self.fs = FileServer()
        self.ps = ProcessServer()

    def start(self):
        [i.boot() for i in (self.fs, self.ps)]

    def create_file(self, user, name, permissions):
        return self.fs.create_file(user, name, permissions)

    def create_process(self, user, name):
        return self.ps.create_process(user, name)
```

正如你将看到的，当我们提供示例摘要时，有许多虚类和服务器。它们可以让你了解实现系统功能所需的抽象（User、Process、File 等）和服务器（WindowServer、NetworkServer 等）。推荐的练习是实现系统的至少一个服务（例如，文件创建）。你可以随意更改接口和方法的签名，以满足需要。确保在你进行更改之后，客户端代码不需要知道除了外观 OperatingSystem

类以外的任何信息。

我们将重述实现示例的细节，完整代码见 façade.py 文件。

(1) 首先，导入需要的模块。

```
from enum import Enum
from abc import ABCMeta, abstractmethod
```

(2) 使用 Enum 定义 State 常量。

(3) 添加 User、Process、File 类，它们在这个最小化示例中并不起作用，只是作为功能的示例。

```
class User:
    pass

class Process:
    pass

class File:
    pass
```

(4) 定义 Server 类。

(5) 定义 FileServer 类与 ProcessServer 类，它们均为 Server 类的子类。

(6) 添加其他的两个虚类，WindowServer 和 NetworkServer。

```
class WindowServer:
    pass

class NetworkServer:
    pass
```

(7) 定义外观类 OperatingSystem。

(8) 在代码的主体部分使用我们定义的外观类。

```
def main():
    os = OperatingSystem()
    os.start()
    os.create_file('foo', 'hello', '-rw-r-r')
    os.create_process('bar', 'ls /tmp')

if __name__ == '__main__':
    main()
```

如你所见，执行 python facade.py 命令显示了两个存根服务器的启动消息。

```
booting the FileServer
booting the ProcessServer
trying to create the file 'hello' for user 'foo' with permissions -rw-r-r
trying to create the process 'ls /tmp' for user 'bar'
```

外观类 `OperatingSystem` 起到了很好的作用。客户端代码可以创建文件和进程，而不需要知道操作系统的内部细节，比如多个服务器的存在。准确地说，客户端代码可以调用创建文件和进程的方法，但它们目前是虚拟的。作为一个有趣的练习，你可以实现这两种方法中的一种，甚至两种。

7.4   小结

在本章中，我们学习了如何使用外观模式。对于希望使用复杂系统但不需要了解系统复杂性的客户端代码而言，这种模式非常适合为其提供简单的接口。计算机是一个外观，因为我们使用它时所需要做的就是按下一个按钮来启动它。所有剩余的硬件复杂性都由 BIOS、引导加载程序和系统软件的其他组件以透明的方式处理。还有更多真实的外观例子，例如连接到银行或公司的客户服务部门，以及用来启动车辆的钥匙。

我们讨论了一个使用外观模式的 Django 第三方模块：`Django-oscar-datacash`。它使用外观模式提供一个简单的 DataCash API 和保存交易的能力。

我们介绍了外观的基本用例，也介绍了多服务器操作系统使用的接口的实现。外观模式是一种隐藏系统复杂性的优雅方式，因为在大多数情况下，客户端代码不应该知道这些细节。

下一章将介绍其他结构型模式。

## 第8章

其他结构型模式

除了前几章涉及的设计模式之外，还存在其他的结构型模式：**享元模式**、**MVC 模式**与**代理模式**。

何为享元模式？面向对象系统可能会由于对象创建的开销而面临性能问题。性能问题通常出现在资源有限的嵌入式系统中，如智能手机和平板电脑，也可能出现在规模庞大且复杂的系统中——在这些系统中，我们需要创建大量同时共存的对象（和用户）。享元模式能够让程序员学会如何通过与尽可能多的相似的对象共享资源来最小化内存的使用。

MVC 模式主要用于应用程序开发，通过将业务逻辑与用户界面分离，帮助开发人员提高应用程序的可维护性。

在某些应用程序中，我们希望在访问对象之前执行一个或多个重要的操作，而这就是代理模式的应用场景。例如，对敏感信息的访问。在允许任何用户访问敏感信息之前，我们希望确保用户拥有足够的权限。重要的操作与安全问题没有必然联系。另一种情况是延迟初始化（j.mp/wikilazy），我们希望将对于计算机来说代价昂贵的对象的创建延迟到用户真正需要使用它的时候。代理模式的思想是在访问实际对象之前帮助我们执行这样的操作。

本章将讨论：

❑ 享元模式
❑ MVC 模式
❑ 代理模式

8.1 享元模式

当我们创建一个新对象时，需要分配额外的内存。虽然虚拟内存在理论上为我们提供了无限的内存，但现实并非如此。如果系统的所有物理内存耗尽，那么它将开始与二级存储设备［通常是 HDD（硬盘驱动器）］交换页，而在大多数情况下，由于主存和 HDD 之间的性能差异，这是不可接受的。SSD（固态硬盘）通常比 HDD 性能更好，但并非人人都希望使用 SSD。因此，SSD

不会很快完全取代 HDD。

除了内存使用，性能也是一个需要考虑的因素。图形软件，包括计算机游戏在内，应该能够非常迅速地渲染三维信息（例如，一个有成千上万棵树的森林、一个满是士兵的村庄，或者一个拥有大量汽车的城区）。如果三维地形中的每个对象都是单独创建的，并且不使用数据共享，那么性能将非常糟糕。

作为软件工程师，我们应该编写更好的软件来解决软件问题，而不是强迫客户购买额外的或更好的硬件。享元设计模式是一种通过在相似对象之间引入数据共享来最小化内存使用和提高性能的技术（j.mp/wflyw）。一个享元就是一个共享对象，它包含状态独立的、不可变的（也被称为**内部的**）数据。状态依赖的、可变的（也被称为**外部的**）数据不应该是享元的一部分，因为这是不能共享的信息，且因对象而异。如果享元需要外部数据，应该由客户端代码显式提供。

举个例子来帮助解释如何在实践中使用享元模式。假设我们正在创建一款性能关键型的游戏，例如 FPS（**第一人称射击**）游戏。在 FPS 游戏中，玩家（士兵）有一些共同的状态，比如外表和行为。例如，在《反恐精英》中，团队中的所有士兵（反恐士兵或恐怖分子）看起来都是一样的（外表）。在同一个游戏中，所有士兵（两队）都有一些共同的行为，比如跳跃，躲避等。这意味着我们可以创建一个包含所有公共数据的享元。当然，士兵也有很多因人而异的数据，这些数据不会成为享元的一部分，比如武器、生命值、位置等。

8.1.1 现实生活中的例子

享元模式是一种优化设计模式，因此很难找到一个与计算无关的例子。可以把享元想象成现实生活中的缓存区。例如，许多书店都有专门的书架，上面放着最新和最受欢迎的出版物，这就是一个缓存区。你可以先在指定书架上查找你要的书，如果找不到，可以请售书员帮助你。

Exaile 音乐播放器使用享元来复用由相同 URL 标识的对象（在本例中是音轨）。如果新对象的 URL 与现有对象相同，那么创建新对象毫无意义，因此可以复用相同的对象来节省资源。

Peppy 是用 Python 实现的类似于 XEmacs 的编辑器，使用享元模式存储主模式状态栏的状态。这是因为，除非用户修改，否则所有状态栏都共享相同的属性。

8.1.2 用例

享元模式旨在提高性能和内存使用效率。所有嵌入式系统（手机、平板电脑、游戏机、微控制器等）和性能关键型应用程序（游戏、3D 图形处理、实时系统等）都可以从中受益。

GoF（四人组）的书中列出了有效使用享元模式需要满足的要求。

❑ 应用程序需要使用大量的对象。

❑ 对象太多，以至于存储/渲染它们的代价太大。一旦移除对象中的可变状态（因为如果需要这些状态，应该由客户端代码显式地传递给享元），多组不同的对象可被相对较少的共享对象所替代。

❑ 对象 ID 对于应用程序而言并不重要。我们不能依赖对象 ID，因为对象共享会造成 ID 比较的失败（那些在客户端代码看来不同的对象，最终具有相同的 ID）。

8.1.3 实现

让我们看看如何实现前面提到的某地区中汽车的例子。我们将创建一个小型停车场来阐明这个想法，并确保整个输出在一个终端页面中是可读的。但是，无论你将停车场设置得多大，内存分配都将保持不变。

在深入研究代码之前，让我们花点时间来看一下缓存和享元模式之间的区别。**缓存**是一种优化技术，它使用缓存器来避免重新计算，因为这些结果在之前的执行步骤中已经计算过了。缓存并不关注特定的编程范式，比如 **OOP**（**面向对象编程**）。在 Python 中，缓存可以应用于方法和简单函数。享元模式是一种面向对象的优化设计模式，它关注对象数据的共享。

首先，需要一个 Enum 参数来描述停车场中三种类型的汽车。

```
CarType = Enum('CarType', 'subcompact compact suv')
```

然后，在实现的核心部分定义类：Car。pool 变量是对象池（换句话说，就是我们的缓存器）。注意，pool 是一个类属性（所有实例共享的变量）。

使用特殊方法 __new__()（在 __init__() 之前调用）将 Car 类转换为一个支持自引用的元类。这意味着 cls 引用 Car 类。当客户端代码创建一个 Car 实例时，它们将车的类型作为 car_type 传入。车的类型用于检查是否已经创建了相同类型的车。如果是，就返回先前创建的对象；否则，向池中添加新的汽车类型并返回。

```
class Car:
    pool = dict()

    def __new__(cls, car_type):
        obj = cls.pool.get(car_type, None)
        if not obj:
            obj = object.__new__(cls)
            cls.pool[car_type] = obj
            obj.car_type = car_type
        return obj
```

render() 方法用于在屏幕上渲染汽车。注意，享元不知道的所有可变信息都需要由客户端代码显式传递。在这种情况下，每辆车都需要使用一种随机 color 和一个位置的坐标（形式为 x, y）。

8

还要注意，为了使 render() 更有用，有必要确保汽车不会相互重叠渲染。你可以把这当作一个练习。如果你想使渲染更有趣，可以使用图形工具包，如 Tkinter、Pygame 或 Kivy。

render() 方法定义如下：

```python
def render(self, color, x, y):
    type = self.car_type
    msg = f'render a car of type {type} and color {color} at ({x}, {y})'
    print(msg)
```

main() 函数展示了如何使用享元模式。汽车的颜色是预定义颜色列表中的一个随机值。坐标使用 1 到 100 之间的随机值。虽然渲染了 18 辆车，但是只为 3 辆车分配了内存。输出的最后一行证明，在使用享元时，我们不能依赖对象 ID。id() 函数返回一个对象的内存地址。这在 Python 中不是默认行为，因为在默认情况下，id() 为每个对象返回唯一的 ID（实际上是一个对象内存地址的整数形式）。在我们的例子中，即使两个对象看起来不同，但如果属于相同的**享元家族**（在本例中，该家族由 car_type 定义），那么它们实际上具有相同的 ID。当然，不同家族的对象仍然可以使用 ID 比较，但是只有在客户端知道实现细节时，这才是可能的。

示例 main() 函数的代码如下所示：

```python
def main():
    rnd = random.Random()
    colors = 'white black silver gray red blue brown beige yellow green'.split()
    min_point, max_point = 0, 100
    car_counter = 0

    for _ in range(10):
        c1 = Car(CarType.subcompact)
        c1.render(random.choice(colors),
                rnd.randint(min_point, max_point),
                rnd.randint(min_point, max_point))
        car_counter += 1

    for _ in range(3):
        c2 = Car(CarType.compact)
        c2.render(random.choice(colors),
                rnd.randint(min_point, max_point),
                rnd.randint(min_point, max_point))
        car_counter += 1

    for _ in range(5):
        c3 = Car(CarType.suv)
        c3.render(random.choice(colors),
                rnd.randint(min_point, max_point),
                rnd.randint(min_point, max_point))
        car_counter += 1
```

```
print(f'cars rendered: {car_counter}')
print(f'cars actually created: {len(Car.pool)}')

c4 = Car(CarType.subcompact)
c5 = Car(CarType.subcompact)
c6 = Car(CarType.suv)
print(f'{id(c4)} == {id(c5)}? {id(c4) == id(c5)}')
print(f'{id(c5)} == {id(c6)}? {id(c5) == id(c6)}')
```

下面是完整的代码清单（flyweight.py 文件），展示了如何实现和使用享元模式。

(1) 导入一些模块。

```
import random
from enum import Enum
```

(2) 下面是车辆类型的 Enum。

```
CarType = Enum('CarType', 'subcompact compact suv')
```

(3) 创建 Car 类，添加 pool 属性与__new__()和 render()方法。

```
class Car:
    pool = dict()

    def __new__(cls, car_type):
        obj = cls.pool.get(car_type, None)
        if not obj:
            obj = object.__new__(cls)
            cls.pool[car_type] = obj
            obj.car_type = car_type
        return obj

    def render(self, color, x, y):
        type = self.car_type
        msg = f'render a car of type {type} and color {color} at
({x}, {y})'
        print(msg)
```

(4) 在 main 函数的第一部分定义一些变量，并渲染一组类型为 subcompact 的汽车。

```
def main():
    rnd = random.Random()
    colors = 'white black silver gray red blue brown beige yellow
green'.split()
    min_point, max_point = 0, 100
    car_counter = 0

    for _ in range(10):
        c1 = Car(CarType.subcompact)
        c1.render(random.choice(colors),
                  rnd.randint(min_point, max_point),
                  rnd.randint(min_point, max_point))
        car_counter += 1
```

(5) 下面是 main 函数的第二部分。

```
for _ in range(3):
    c2 = Car(CarType.compact)
    c2.render(random.choice(colors),
              rnd.randint(min_point, max_point),
              rnd.randint(min_point, max_point))
    car_counter += 1
```

(6) 下面是 main 函数的第三部分。

```
for _ in range(5):    c3 = Car(CarType.suv)
        c3.render(random.choice(colors),
                  rnd.randint(min_point, max_point),
                  rnd.randint(min_point, max_point))
        car_counter += 1

    print(f'cars rendered: {car_counter}')
    print(f'cars actually created: {len(Car.pool)}')
```

(7) 最终，实现 main 函数的第四部分。

```
c4 = Car(CarType.subcompact)
c5 = Car(CarType.subcompact)
c6 = Car(CarType.suv)
print(f'{id(c4)} == {id(c5)}? {id(c4) == id(c5)}')
print(f'{id(c5)} == {id(c6)}? {id(c5) == id(c6)}')
```

(8) 不要忘记我们惯用的技巧__name__ == '__main__'和良好的实践。

```
if __name__ == '__main__':
    main()
```

执行 python flyweight 命令后，输出了渲染对象的类型、随机颜色和坐标，以及相同/不同家族的享元对象之间的 ID 比较结果，截图如下。

不要期望看到相同的输出，因为颜色和坐标是随机的，对象 ID 依赖于内存映射。

8.2 MVC 模式

关注点分离（SoC）原则是众多与软件工程相关的设计原则之一。SoC 原则背后的思想是将应用程序分成不同的部分，每个部分处理一个单独的关注点。此类问题的示例是分层设计中使用的层（数据访问层、业务逻辑层、表示层等）。SoC 原则的使用简化了应用软件的开发和维护。

MVC 模式只不过是应用于 OOP 的 SoC 原则。模式的名称来自用于分割应用软件的三个主要组件：模型、视图和控制器。MVC 被认为是一种架构模式而不是设计模式，两者的区别在于前者的范围比后者更广。然而，MVC 太重要了，不能仅仅因为这个原因就跳过它。即使我们永远不需要从头开始实现它，也需要熟悉它，因为所有常见的框架都使用 MVC 或其变种（稍后将对此进行详细介绍）。

模型是应用的核心组件，代表信息的源头。它包含并管理应用程序的（业务）逻辑、数据、状态和规则。视图是模型的可视化表示，例如，计算机 GUI、计算机终端的文本输出、智能手机的应用程序 GUI、PDF 文档、饼图、条形图，等等。视图只显示数据，而不能处理数据。控制器是模型和视图之间的链接器/粘合剂。模型和视图之间的所有通信都通过控制器进行。

在为用户渲染初始屏幕之后，MVC 应用程序的典型用法如下。

(1) 用户通过点击（键入、触摸等）某个按钮触发一个视图。
(2) 视图向控制器通知用户的操作。
(3) 控制器处理用户输入，并与模型交互。
(4) 模型执行所有必要的验证和状态改变，并通知控制器应该做什么。
(5) 控制器按照模型给出的指令，指挥视图适当地更新和显示输出。

你可能想知道：为什么控制器部分是必要的？不能跳过它吗？能，但是那样的话我们就会失去 MVC 提供的一个巨大好处：不修改模型就可以使用多个视图的能力（即使我们想在同一时间使用）。为了实现模型与其表示之间的解耦，每个视图通常需要它自己的控制器。如果模型直接与特定视图通信，我们就不能使用多个视图（或者至少不能以一种干净和模块化的方式使用）。

8.2.1 现实生活中的例子

前面提到过，MVC 是应用于 OOP 的 SoC 原则。SoC 原则在现实生活中应用较多。例如，如果你建了一座新房子，通常会指派不同的专业人员：(1)安装管道和电力设施；(2)粉刷房子。

另一个例子是餐馆。在餐馆里，服务员接受订单并为顾客上菜，但是饭菜是由厨师做的。

在 Web 开发中，有一些使用 MVC 的框架。

- Web2py 框架（`j.mp/webtopy`）是一个包含 MVC 模式的轻量级 Python 框架。如果你从未尝试过 Web2py，我鼓励你去试试，因为它非常容易安装。在该项目的 Web 页面上，有许多示例演示了如何在 Web2py 中使用 MVC。
- Django 也是一个 MVC 框架，尽管它使用不同的命名约定。控制器称为视图，视图称为**模板**。Django 使用**模型–模板–视图**（MTV）这个名称。Django 的设计者表示，视图描述用户看到的数据，因此，它使用视图作为特定 URL 的 Python 回调函数的名称。Django 中的术语**模板**用于将内容与表示分离。它描述用户查看数据的方式，而不是查看哪些数据。

8.2.2 用例

MVC 是一种非常通用且有用的设计模式。实际上，所有流行的 Web 框架（Django、Rails 和 Symfon 或 Yii）和应用程序框架（iPhone SDK、Android 和 QT）都使用 MVC 或其变体——**模型–视图–适配器**（MVA）、**模型–视图–演示者**（MVP）等。然而，即使我们不使用这些框架中的任何一个，自己实现 MVC 模式也是有意义的，因为它提供了如下好处。

- 视图和模型之间的分离允许图形设计人员关注 UI 部分，程序员关注开发，而不相互干扰。
- 由于视图和模型之间的松耦合，每个部分都可以在不影响其他部分的情况下进行修改/扩展。例如，添加一个新视图非常简单，只需为它实现一个新的控制器。
- 维护更容易，因为每个部分的职责都很明确。

从头开始实现 MVC 时，请创建智能的模型、纤薄的控制器和傻瓜式视图。

以下为智能模型的特征：

- 包含所有验证/业务规则/逻辑；
- 处理应用状态；
- 访问应用数据（数据库、云等）；
- 独立于 UI。

以下为纤薄控制器的特征：

- 当用户与视图交互时更新模型；
- 当模型变动时更新视图；
- 必要时，在向模型/视图传递数据前处理数据；
- 不展示数据；
- 不直接访问应用数据；
- 不包括验证/业务规则/逻辑。

以下为傻瓜式视图的特征：

- 展示数据；

❑ 允许用户交互；

❑ 处理最小化，通常由模板语言提供（例如，使用简单的变量和循环控制）；

❑ 不存储任何数据；

❑ 不直接访问应用数据；

❑ 不包含验证/业务规则/逻辑。

如果你从头开始实现 MVC，并想知道是否做对了，可以尝试回答一些关键问题。

❑ 如果你的应用程序有 GUI，它可更换皮肤吗？花费多大精力才能改变它的皮肤/外观和感觉？你能让用户在运行时更改应用程序的外观吗？如果这并不简单，就意味着 MVC 实现出了问题。

❑ 如果你的应用程序没有 GUI（例如，如果它是一个终端应用程序），添加 GUI 支持有多难？或者，如果添加 GUI 是无关紧要的，添加视图以在图表（饼图、条形图等）或文档（PDF、电子表格等）中显示结果是否容易？如果这些更改并不简单（创建一个附加视图的新控制器，而不修改模型），MVC 就并没有正确地实现。

如果满足这些条件，那么与不使用 MVC 的应用程序相比，你的应用程序将更具灵活性和可维护性。

8.2.3　实现

我可以用任何通用框架来演示如何使用 MVC，但是觉得这种视角是不完整的。因此，我决定用一个非常简单的示例从头开始演示如何实现 MVC：一个引用语打印机。这个想法非常简单。用户输入一个数字并看到与该数字相关的引用语。引用语存储在引用语元组中。这些数据通常存储于数据库、文件等中，只有模型才能直接访问它。

思考以下代码：

```
quotes =
(
  'A man is not complete until he is married. Then he is finished.',
  'As I said before, I never repeat myself.',
  'Behind a successful man is an exhausted woman.',
  'Black holes really suck...',
  'Facts are stubborn things.'
)
```

模型是极简主义的。它只有一个 get_quote() 方法，该方法根据它的索引 n 返回引用语元组的引用（字符串）。作为练习，你可以在本节末尾改善这种行为：

```
class QuoteModel:
    def get_quote(self, n):
        try:
            value = quotes[n]
```

```
        except IndexError as err:
            value = 'Not found!'
        return value
```

该视图有三个方法：show()，用于在屏幕上打印引用语（或消息"未找到"）；error()，用于在屏幕上打印错误消息；select_quote()，用于读取用户的选择。代码如下：

```
class QuoteTerminalView:
    def show(self, quote):
        print(f'And the quote is: "{quote}"')
    def error(self, msg):
        print(f'Error: {msg}')
    def select_quote(self):
        return input('Which quote number would you like to see? ')
```

控制器起协调作用。__init__()方法初始化模型和视图。run()方法验证用户给出的引用语索引，从模型中获取引用语，并将其传递回要显示的视图。代码如下：

```
class QuoteTerminalController:
    def __init__(self):
        self.model = QuoteModel()
        self.view = QuoteTerminalView()
    def run(self):
        valid_input = False
        while not valid_input:
            try:
                n = self.view.select_quote()
                n = int(n)
                valid_input = True
            except ValueError as err:
                self.view.error(f"Incorrect index '{n}'")
        quote = self.model.get_quote(n)
        self.view.show(quote)
```

最后，main()函数初始化并启动控制器。代码如下：

```
def main():
    controller = QuoteTerminalController()
    while True:
        controller.run()
```

以下是完整的示例代码（mvc.py 文件）。

❑ 首先，为引用语列表定义一个变量，代码如下。

```
quotes =
(
  'A man is not complete until he is married. Then he is
finished.',
  'As I said before, I never repeat myself.',
  'Behind a successful man is an exhausted woman.',
  'Black holes really suck...',
  'Facts are stubborn things.'
)
```

❑ 模型类 `QuoteModel` 的代码如下。

```python
class QuoteModel:
    def get_quote(self, n):
        try:
            value = quotes[n]
        except IndexError as err:
            value = 'Not found!'
        return value
```

❑ 视图类 `QuoteTerminalView` 的代码如下。

```python
class QuoteTerminalView:
    def show(self, quote):
        print(f'And the quote is: "{quote}"')

    def error(self, msg):
        print(f'Error: {msg}')

    def select_quote(self):
        return input('Which quote number would you like to see? ')
```

❑ 控制器类 `QuoteTerminalController` 的代码如下。

```python
class QuoteTerminalController:
    def __init__(self):
        self.model = QuoteModel()
        self.view = QuoteTerminalView()
    def run(self):
        valid_input = False
        while not valid_input:
            try:
                n = self.view.select_quote()
                n = int(n)
                valid_input = True
            except ValueError as err:
                self.view.error(f"Incorrect index '{n}'")
        quote = self.model.get_quote(n)
        self.view.show(quote)
```

❑ 最后，以 `main()` 函数结尾。

```python
def main():
    controller = QuoteTerminalController()
    while True:
        controller.run()

if __name__ == '__main__':
    main()
```

下面是执行 `python mvc.py` 命令的一个示例输出，展示了程序如何向用户打印引用语。

```
Which quote number would you like to see? 2
And the quote is: "Behind a successful man is an exhausted woman."
Which quote number would you like to see? 4
And the quote is: "Facts are stubborn things."
Which quote number would you like to see? 1
And the quote is: "As I said before, I never repeat myself."
Which quote number would you like to see? 6
And the quote is: "Not found!"
Which quote number would you like to see? 3
And the quote is: "Black holes really suck..."
Which quote number would you like to see? 0
And the quote is: "A man is not complete until he is married. Then he is finished."
Which quote number would you like to see? _
```

8.3 代理模式

代理设计模式的名称来自代理（也称为**替代**）对象，该对象用于在访问实际对象之前执行重要操作。著名的代理类型有如下四种（j.mp/proxypat）。

- ❑ **远程代理**，作为实际存在于不同地址空间（例如，网络服务器）中的对象的本地表示。
- ❑ **虚拟代理**，使用延迟初始化将计算开销大的对象的创建延迟到真正需要的时候进行。
- ❑ **保护/防护代理**，控制对于敏感对象的访问。
- ❑ **智能（引用）代理**，在对象被访问时执行额外的操作，如引用计数和线程安全检查。

虚拟代理非常有用。下面来看一个用 Python 实现的示例。在 8.3.3 节，你将学习如何创建保护代理。

在 Python 中创建虚拟代理的方法有很多，但是我总是喜欢关注惯用的/Python 风格的实现。这里显示的代码基于 Cyclone 的出色回答，他是网站 stackoverflow.com（j.mp/solazyinit）的用户。为了避免混淆，我应该在本节中澄清，"术语变量"和"属性"可以互换使用。首先，我们创建一个 LazyProperty 类作为装饰器。当 LazyProperty 装饰属性时，它将延迟加载属性（第一次使用时），而不是立即加载属性。__init__()方法创建两个变量，作为初始化属性的方法的别名。method 变量是实际方法的别名，method_name 变量是方法名称的别名。为了更好地理解这两个别名是如何使用的，请将它们的值打印到输出中［取消（不是删除）以下代码中的两行注释］。

```python
class LazyProperty:
    def __init__(self, method):
        self.method = method
        self.method_name = method.__name__
        # print(f"function overriden: {self.fget}")
        # print(f"function's name: {self.func_name}")
```

LazyProperty 类实际上是一个描述符（j.mp/pydesc）。描述符是 Python 中用于覆盖其属性访问方法默认行为的推荐机制，属性访问方法如__get__()、__set__()和__delete__()。LazyProperty 类只覆盖__set__()，因为这是它唯一需要覆盖的访问方法。换句话说，我们不必覆盖所有的访问方法。__get__()方法访问底层方法想要分配的属性的值，并使用setattr()手工执行分配。__get()__实际上所做的事非常简洁：它将方法替换为值。这意味着属性不仅可以延迟加载，而且只能设置一次。我们马上就会明白这是什么意思。同样，取消下面代码中的注释，以获得一些额外信息。

```
def __get__(self, obj, cls):
    if not obj:
        return None
    value = self.method(obj)
    # print(f'value {value}')
    setattr(obj, self.method_name, value)
    return value
```

Test 类展示了如何使用 LazyProperty 类。它有三个属性：x、y 和_resource。我们希望_resource 变量被延迟加载。因此，我们将其初始化为 None。

```
class Test:
    def __init__(self):
    self.x = 'foo'
    self.y = 'bar'
    self._resource = None
```

resource()方法使用 LazyProperty 类进行修饰。出于演示目的，LazyProperty 类将_resource 属性初始化为一个元组，如下面的代码所示。通常，这将是一个缓慢/昂贵的初始化过程（数据库、图形，等等）。

```
@LazyProperty
def resource(self):
    print(f'initializing self._resource which is: {self._resource}')
    self._resource = tuple(range(5)) # 开销大
    return self._resource
```

如下所示，main()函数显示了延迟初始化的行为。

```
def main():
    t = Test()
    print(t.x)
    print(t.y)
    # 更多工作……
    print(t.resource)
    print(t.resource)
```

注意，重写__get()__访问方法使得我们能够将 resource()方法视为一个简单的属性（我们可以使用 t.resource 来替代 t.resource()）。

在本例的执行输出（lazy.py 文件）中，我们可以发现如下两点。

❏ _resource 变量实际上不是在创建 t 实例时初始化的，而是在我们第一次使用 t.resource 时初始化的。

❑ 第二次使用 `t.resource` 时，变量不会再次初始化。这就是为什么初始化 `self.resource` 时输出的初始化字符串只显示一次。

下面是我们执行 `python lazy.py` 命令时得到的输出。

```
foo
bar
initializing self._resource which is: None
(0, 1, 2, 3, 4)
(0, 1, 2, 3, 4)
```

OOP 中有两种不同的、基本的延迟初始化。

❑ **实例层面**：这意味着对象的属性被延迟初始化，但该属性有一个对象作用域。同一类的每个实例（对象）都有自己的（不同的）属性副本。

❑ **类或模块层面**：这种情况下，我们不希望每个实例都有不同的副本，而是希望所有实例共享相同的属性，并延迟初始化。本章不讨论这个问题。如果你觉得有趣，就把它当作一种练习。

8.3.1　现实生活中的例子

芯片（也称为**智能卡付款系统**）卡（`j.mp/wichpin`）是现实生活中使用保护代理的一个很好的例子。借记卡/信用卡包含一个芯片，首先需要由 ATM 机或读卡器读取。芯片验证后，需要一个密码（PIN）来完成交易。这意味着，只有在知道密码的情况下刷卡，才能进行交易。

一个远程代理的例子是用于代替现金进行购买和交易的银行支票。这张支票能够获取银行账户中的资金。

在软件领域，Python 的 `weakref` 模块包含一个 `proxy()` 方法，该方法接受一个输入对象并向其返回一个智能代理。建议使用弱引用向对象添加引用计数支持。

8.3.2　用例

由于至少有四种常见的代理类型，因此代理设计模式有许多用例。

❑ 用于使用私有网络或云技术创建分布式系统。在分布式系统中，一些对象存在于本地内存中，一些对象存在于远程计算机的内存中。如果不希望客户端代码知道这些差异，可以创建一个远程代理来隐藏/封装它们，从而隐藏应用程序的分布式特征。

❑ 用于解决应用程序由于过早创建昂贵的对象而出现的性能问题。可以通过引入延迟初始化显著应用提高性能，即仅在实际需要对象时才使用虚拟代理创建对象。

❏ 用于检查用户是否有足够的权限访问信息。如果我们的应用程序处理敏感信息（例如医疗数据），那么我们希望确保尝试访问/修改这些信息的用户有权限这样做。保护代理可以处理所有与安全相关的操作。

❏ 用于多线程应用程序（或库、工具箱、框架等）。我们希望将线程安全的负担从客户端代码转移到应用程序中。在这种情况下，我们可以创建一个智能代理来向客户端隐藏线程安全的复杂性。

❏ **对象关系映射**（ORM）API 也是使用远程代理的一个示例。许多流行的 Web 框架，包括 Django，都使用 ORM 来提供对关系数据库的类似于面向对象的访问。ORM 充当关系型数据库的代理，关系型数据库实际上可以位于任何位置，包括本地服务器和远程服务器。

8.3.3 实现

为了演示代理模式，我们将实现一个简单的保护代理来查看和添加用户。该服务提供两个选项。

❏ **查看用户列表**：此操作不需要特殊权限。
❏ **添加新用户**：此操作要求客户端提供一个特殊的秘密消息。

SensitiveInfo 类包含我们想要保护的信息。users 变量是现有用户的列表。read() 方法打印用户列表。add() 方法向列表添加新用户。

思考以下代码：

```
class SensitiveInfo:
    def __init__(self):
        self.users = ['nick', 'tom', 'ben', 'mike']
    def read(self):
        nb = len(self.users)
        print(f"There are {nb} users: {' '.join(self.users)}")
    def add(self, user):
        self.users.append(user)
        print(f'Added user {user}')
```

Info 类是 SensitiveInfo 的保护代理。secret 变量是客户端代码添加新用户时需要知道/提供的消息。请注意，这只是一个示例。现实中，你不应该做以下事情：

❏ 在源代码中存储密码；
❏ 以明文形式存储密码；
❏ 使用弱加密（例如 MD5）或自定义加密形式。

我们接下来可以看到，在 Info 类中，read() 方法是 SensitiveInfo.read() 的包装器，add() 方法确保只有在客户端代码知道秘密消息时才能添加新用户。

```
class Info:
    '''SensitiveInfo 的保护代理'''
```

```
    def __init__(self):
        self.protected = SensitiveInfo()
        self.secret = '0xdeadbeef'
    def read(self):
        self.protected.read()
    def add(self, user):
        sec = input('what is the secret? ')
        self.protected.add(user) if sec == self.secret else print("That's
wrong!")
```

main() 函数说明客户端代码如何使用代理模式。客户端代码创建 Info 类的实例，并展示菜单以读取列表、添加新用户或退出应用程序。让我们考虑以下代码：

```
def main():
    info = Info()
    while True:
        print('1. read list |==| 2. add user |==| 3. quit')
        key = input('choose option: ')
        if key == '1':
            info.read()
        elif key == '2':
            name = input('choose username: ')
            info.add(name)
        elif key == '3':
            exit()
        else:
            print(f'unknown option: {key}')
```

下面是 proxy.py 代码文件的完整概括。

(1) 首先，定义 LazyProperty 类。

```
class LazyProperty:
    def __init__(self, method):
        self.method = method
        self.method_name = method.__name__
        # print(f"function overriden: {self.fget}")
        # print(f"function's name: {self.func_name}")
    def __get__(self, obj, cls):
        if not obj:
            return None
        value = self.method(obj)
        # print(f'value {value}')
        setattr(obj, self.method_name, value)
        return value
```

(2) 然后，定义 Test 类。

```
class Test:
    def __init__(self):
        self.x = 'foo'
        self.y = 'bar'
        self._resource = None
```

```
        @LazyProperty
        def resource(self):
            print(f'initializing self._resource which is:
{self._resource}')
            self._resource = tuple(range(5)) # 开销大
            return self._resource
```

(3) 最后，在代码的结束部分，定义 main() 函数。

```
def main():
    t = Test()
    print(t.x)
    print(t.y)
    # 更多工作……
    print(t.resource)
    print(t.resource)

if __name__ == '__main__':
    main()
```

(4) 我们可以看到执行 python proxy.py 命令时程序的示例输出如下。

你是否已经发现可以改进代理示例的缺陷或缺失的特性？下面是我的一些建议。

❑ 这个例子有一个很大的安全缺陷。没有什么可以阻止客户端代码通过直接创建 SensitiveInfo 实例来绕过应用程序的安全检查。改进示例以防止这种情况。一种方法是使用 abc 模块来禁止 SensitiveInfo 的直接实例化。在这种情况下还需要做哪些代码更改？

❑ 一个基本的安全规则是我们永远不应该存储明文密码。只要我们知道要使用哪些库（j.mp/hashsec），安全地存储密码就不会是一件难事。如果你对安全感兴趣，那么尝试实现一种安全的方式，将秘密消息存储在外部（例如，在文件或数据库中）。

❑ 应用程序只支持添加新用户，但是不能删除现有用户。尝试添加 remove() 方法。

8.4 小结

本章介绍了其他三种结构型设计模式：享元模式、MVC 模式和代理模式。

当我们想要提高内存使用情况和应用程序的性能时，可以使用享元。这对于所有资源有限的系统（如嵌入式系统）以及关注性能的系统（如图形软件和电子游戏）都非常重要。

通常，当应用程序需要创建大量高计算开销的对象，并共享许多属性时，我们使用享元。重点是将不可变（共享）属性与可变属性分离开来。我们实现了一个树渲染器，它支持 3 个不同的树家族。通过向 render() 方法显式地提供可变的 age 和 x、y 属性，我们只创建了 3 个不同的对象，而不是 18 个。虽然这看起来不像大获全胜，但是想象一下如果这些树是 2000 棵而不是 18 棵，情况就大不相同了。

MVC 是一种非常重要的设计模式，用于将应用程序结构分为三个部分：模型、视图和控制器。每个部分都有明确的角色和职责。模型可以访问数据并管理应用程序的状态。视图是模型的表示。视图不需要是图形化的，文本输出也被认为是非常好的视图。控制器是模型和视图之间的桥梁。正确使用 MVC 可以保证我们最终得到一个易于维护和扩展的应用程序。

我们讨论了代理模式的几个用例（包括性能、安全以及如何向用户提供简单的 API）。在第一个代码示例中，我们创建了一个虚拟代理（使用装饰器和描述符），能够以一种延迟方式初始化对象属性。在第二个代码示例中，我们实现了一个保护代理来处理用户操作。这个示例可以在许多方面进行改进，特别是它的安全性缺陷和非持久的用户列表。

在下一章中，我们将开始探索行为型设计模式。行为型模式处理对象之间的连接和算法。首先要介绍的行为型模式是职责链模式。

第 9 章

职责链模式

在开发应用程序时，大多数情况下我们都预先知道能够满足特定请求的方法。然而，情况并非总是如此。例如，考虑任意的广播计算机网络，如原始以太网实现（j.mp/wikishared）。在广播计算机网络中，所有请求都被发送至全部节点（为了简单起见，不包括广播域），但只有对发送的请求感兴趣的节点才处理它。

广播网络中的所有计算机都使用一种共同的媒介相互连接，例如连接所有节点的电缆。如果一个节点对某个请求不感兴趣或不知道如何处理，可以执行以下操作：

❑ 忽视请求，什么也不做；
❑ 将请求转发给下一个节点。

节点响应请求的具体途径是实现细节。但是，我们可以使用广播计算机网络的类比来理解职责链模式的含义。当我们希望用多个对象满足单个请求，或者事先不知道某个特定请求应该由（来自对象链的）哪个对象处理时，就会使用职责链模式。

为了说明这一原理，想象一个对象链（链表、树或任何其他方便的数据结构），以及以下流程。

(1) 首先向链中的第一个对象发送请求。
(2) 该对象决定是否应该满足请求。
(3) 该对象将请求转发给下一个对象。
(4) 重复此过程直到链的末尾。

在应用程序层面，我们可以将重点放在对象和请求流上，而不是讨论电缆和网络节点。下图显示了客户端代码如何向应用程序的所有处理元素发送请求。

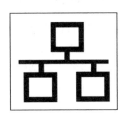

注意，客户端代码只知道第一个处理元素，而不知道所有处理元素的引用，而且每个处理元素只知道它的下个相邻节点（称为**后继元素**），而不知道其他处理元素。这通常是一种单向关系，在编程术语中称为单链表，而非双链表。单链表不允许双向导航，而双链表则允许。使用这种链式组织是有原因的：它实现了发送方（客户端）与接收方（处理元素）之间的解耦。

本章将讨论：

- ❑ 现实生活中的例子
- ❑ 用例
- ❑ 实现

9.1　现实生活中的例子

自动取款机，或一般来说，任何接受/返回纸币或硬币的机器（例如自动贩卖机）都使用职责链模式。

所有的纸币都有一个单独的插槽，如下图所示，该图由 sourcemaking.com 提供。

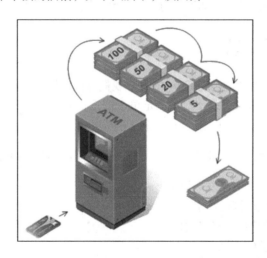

当纸币被放入时，它会被分配到合适的容器中。当它返回时，会被从合适的容器中取出。我们可以把单个插槽看作共享的通信媒介，把不同的插槽看作处理元素。返回的结果包含来自一个或多个容器的现金。例如，在前面的图中，我们能看到向 ATM 请求 175 美元时所发生的事情。

在软件领域，Java 的 servlet 过滤器是在 HTTP 请求到达目标之前执行的代码片段。在使用 servlet 过滤器时，有一个过滤器链。每个过滤器执行不同的操作（用户身份验证、日志记录、数据压缩，等等），并将请求转发到下一个过滤器，直到链耗尽，或者在出现错误时中断流，例如身份验证连续失败了三次（`j.mp/soservl`）。

另一个软件示例是 Apple 的 Cocoa 和 Cocoa Touch 框架，它们使用职责链来处理事件。当视图接收到它不知道如何处理的事件时，会将该事件转发给它的父视图。这种情况一直持续到视图能够处理该事件或视图链耗尽为止（`j.mp/chaincocoa`）。

9.2　用例

通过使用职责链模式，我们为许多不同的对象提供了满足特定请求的机会。当我们不能预先知道某一特定请求应该由哪个对象满足时，这十分有用。下面以采购系统为例。在采购系统中，有许多审批机构。一个审批机构可能有权批准价值不超过 100 美元的订单。如果订单超过 100 美元，则将订单发送到链中的下一个审批机构，该机构可以审批最高 200 美元的订单，以此类推。

在另一个应用场景中，单个请求可能需要多个对象来处理，此时职责链模式也十分有用。这在基于事件的编程中经常出现。单个事件，例如单击鼠标左键，可以被多个监听器捕捉。

需要注意的是，如果所有请求都可以由单个处理元素处理，那么职责链模式就不是很有用了，除非我们真的不知道使用哪个元素进行处理。此模式的价值在于解耦。客户端与所有处理元素之间不存在多对多关系（处理元素与所有其他处理元素之间的关系也是如此），客户端只需要知道如何与链的开始（头）通信。

下图说明了紧耦合和松耦合之间的区别。松耦合系统背后的思想是简化维护过程，同时使我们更容易理解它们是如何工作的（`j.mp/loosecoup`）。

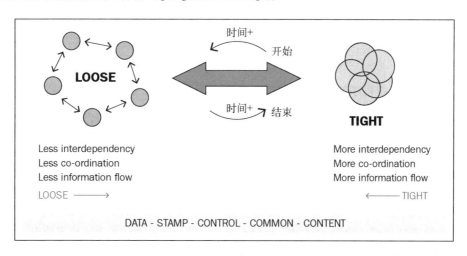

9.3　实现

在 Python 中实现职责链的方法有很多，但是我最喜欢的实现是由 Vespe Savikko 提出的。Vespe 的实现使用 Python 风格的动态调度来处理请求。

让我们以 Vespe 的实现作为指南来实现一个简单的、基于事件的系统。下面是该系统的 UML 类图。

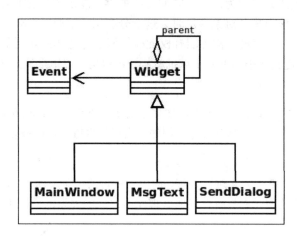

Event 类描述一个事件。我们将保持简洁，因此在本例中，事件只有一个 name。

```
class Event:
    def __init__(self, name):
        self.name = name

    def __str__(self):
        return self.name
```

Widget 类是应用程序的核心类。UML 图中的父子聚合关系表明每个小部件都可以有对 parent 对象的引用。按照惯例，我们假设 parent 对象是一个 Widget 实例。但是，请注意，根据继承规则，Widget 任何子类的实例（例如 MsgText 的实例）也是 Widget 的实例。parent 的默认值为 None。

```
class Widget:
    def __init__(self, parent=None):
        self.parent = parent
```

handle()方法通过 hasattr()和 getattr()，使用动态调度来决定特定请求（事件）的处理程序。如果被指派来处理事件的小部件不支持它，则有两种回退机制。如果小部件有父部件，则执行父部件的 handle()方法。如果小部件只有一个 handle_default()方法而没有父方法，则执行 handle_default()。

```
def handle(self, event):
    handler = f'handle_{event}'
    if hasattr(self, handler):
    method = getattr(self, handler)
    method(event)
    elif self.parent is not None:
    self.parent.handle(event)
    elif hasattr(self, 'handle_default'):
    self.handle_default(event)
```

此时，你可能已经意识到为什么 Widget 和 Event 类只在 UML 类图中关联（没有聚合或组合关系）。关联关系表示 Widget 类知道 Event 类的存在，但对它没有任何严格引用，因为 Widget 类只需要将事件作为参数传递给 handle() 即可。

MainWindow、MsgText 和 SendDialog 都是小部件，它们具有不同的行为。并不是所有这三个小部件都能够处理相同的事件，即使它们能够处理相同的事件，它们的行为也可能有所不同。MainWindow 只能处理关闭和默认事件。

```
class MainWindow(Widget):
    def handle_close(self, event):
        print(f'MainWindow: {event}')

    def handle_default(self, event):
        print(f'MainWindow Default: {event}')
```

SendDialog 只能处理绘图事件。

```
class SendDialog(Widget):
    def handle_paint(self, event):
        print(f'SendDialog: {event}')
```

最后，MsgText 只能处理键盘事件。

```
class MsgText(Widget):
    def handle_down(self, event):
        print(f'MsgText: {event}')
```

main() 函数展示了如何创建一些小部件和事件，以及这些小部件如何对这些事件做出反应。所有事件都会被发送至全部小部件。注意每个小部件的父子关系。sd 对象（SendDialog 的一个实例）的父对象是 mw 对象（MainWindow 的一个实例）。然而，并不是所有的对象都需要 MainWindow 的一个实例作为父对象。例如，msg 对象（MsgText 的一个实例）的父对象是 sd 对象。

```
def main():
    mw = MainWindow()
    sd = SendDialog(mw)
    msg = MsgText(sd)

    for e in ('down', 'paint', 'unhandled', 'close'):
        evt = Event(e)
```

```
print(f'Sending event -{evt}- to MainWindow')
mw.handle(evt)
print(f'Sending event -{evt}- to SendDialog')
sd.handle(evt)
print(f'Sending event -{evt}- to MsgText')
msg.handle(evt)
```

以下是示例的完整代码（chain.py）。

(1) 定义 Event 类。

```
class Event:
    def __init__(self, name):
        self.name = name

    def __str__(self):
        return self.name
```

(2) 然后，定义 Widget 类。

```
class Widget:
    def __init__(self, parent=None):
        self.parent = parent

    def handle(self, event):
        handler = f'handle_{event}'
        if hasattr(self, handler):
            method = getattr(self, handler)
            method(event)
        elif self.parent is not None:
            self.parent.handle(event)
        elif hasattr(self, 'handle_default'):
            self.handle_default(event)
```

(3) 添加具体的小部件类，MainWindow、SendDialog 与 MsgText 类。

```
class MainWindow(Widget):
    def handle_close(self, event):
        print(f'MainWindow: {event}')

    def handle_default(self, event):
        print(f'MainWindow Default: {event}')

class SendDialog(Widget):
    def handle_paint(self, event):
        print(f'SendDialog: {event}')

class MsgText(Widget):
    def handle_down(self, event):
        print(f'MsgText: {event}')
```

(4) 最后，添加 main() 函数，并使用常用代码段调用它。

```
def main():
    mw = MainWindow()
    sd = SendDialog(mw)
    msg = MsgText(sd)

    for e in ('down', 'paint', 'unhandled', 'close'):
        evt = Event(e)
        print(f'Sending event -{evt}- to MainWindow')
        mw.handle(evt)
        print(f'Sending event -{evt}- to SendDialog')
        sd.handle(evt)
        print(f'Sending event -{evt}- to MsgText')
        msg.handle(evt)

if __name__ == '__main__':
    main()
```

(5) 执行 `python chain.py` 命令，输出如下。

```
Sending event -down- to MainWindow
MainWindow Default: down
Sending event -down- to SendDialog
MainWindow Default: down
Sending event -down- to MsgText
MsgText: down
Sending event -paint- to MainWindow
MainWindow Default: paint
Sending event -paint- to SendDialog
SendDialog: paint
Sending event -paint- to MsgText
SendDialog: paint
Sending event -unhandled- to MainWindow
MainWindow Default: unhandled
Sending event -unhandled- to SendDialog
MainWindow Default: unhandled
Sending event -unhandled- to MsgText
MainWindow Default: unhandled
Sending event -close- to MainWindow
MainWindow: close
Sending event -close- to SendDialog
MainWindow: close
Sending event -close- to MsgText
MainWindow: close
```

在输出中我们可以看到一些有趣的东西。例如，发送到 MainWindow 的 down 事件最终由默认的 MainWindow 处理程序处理。另一个很好的例子是，虽然关闭事件不能由 SendDialog 和 MsgText 直接处理，但所有关闭事件最终都由 MainWindow 正确处理。这就是利用父子关系作为回退机制的好处。

如果你想在事件示例上多花些时间，做些有创造性的事，可以替换无用的 print 语句，并向列出的事件添加一些实际行为。当然，你不用局限于上述事件。只要添加你最喜欢的事件，让它做一些有用的事情就行了。

另一个练习是在运行时添加一个 `MsgText` 实例，该实例的父窗口是 `MainWindow`。这困难吗？对事件执行相同的操作（向现有小部件添加新事件）。哪个更难？

9.4　小结

这一章讨论了职责链设计模式。当处理程序的数量和类型事先未知时，此模式可为请求和处理事件提供有用的模型。基于事件的系统、采购系统和运输系统都与职责链十分契合。

在职责链模式中，发送方可以直接访问链的第一个节点。如果第一个节点不能满足请求，则将请求转发到下一个节点。这样一直持续到节点满足请求或者遍历整个链。此设计用于实现发送方和接收方之间的松耦合。

自动取款机就是职责链的一个例子。用于所有纸币的单个插槽可以看作链的头。此后，根据交易的不同，使用一个或多个容器来处理交易。这些插槽可被视为链的处理元素。

Java 的 servlet 过滤器使用职责链模式对 HTTP 请求执行不同的操作（例如，压缩和身份验证）。Apple 的 Cocoa 框架使用相同的模式来处理事件，比如按键和手势。

第 10 章

命令模式

10

现在，大多数应用程序都有**撤销**操作。但很难想象，撤销在软件史中存在的时间并不是很长。撤销是在 1974 年引入的（j.mp/wiundo），但是 Fortran 和 Lisp 这两种仍然被广泛使用的编程语言分别是在 1957 年和 1958 年创建的（j.mp/proghist）。我不希望成为那个年代的应用程序用户，因为如果你犯了错误，并没有简单的方法来修复它。

历史就说到此为止。我们想知道如何在应用程序中实现撤销功能。由于阅读了本章的标题，你已经知道了哪种设计模式是实现撤销的推荐选项：命令模式。

命令设计模式帮助我们将操作（撤销、恢复、复制、粘贴等）封装为对象。这意味着我们要创建一个包含实现操作所需的所有逻辑和方法的类。这样做的好处如下（j.mp/cmdpattern）。

❑ 不必直接执行一个命令。它可以按照你的意愿执行。
❑ 调用该命令的对象与知道如何执行该命令的对象解耦。调用程序不需要知道该命令的任何实现细节。
❑ 若有必要，可以对多个命令进行分组，以允许调用程序按顺序执行它们。这在实现多级撤销命令时非常有用。

本章将讨论：

❑ 现实生活中的例子
❑ 用例
❑ 实现

10.1 现实生活中的例子

当去餐馆吃饭时，我们向服务员点菜。他们用来点单的单据（通常是纸）就是命令的一个例子。写好订单后，服务员将其放入厨师执行的单据队列中。每个单据都是独立的，可以用来执行许多不同的命令，例如，一个烹制食物的命令。

如你所料，我们也有几个软件示例。下面是我能想到的两个。

- ❏ **PyQt** 是 QT 工具包的 **Python** 绑定。**PyQt** 包含一个 `QAction` 类，它将一个操作视为一条命令。每个操作都支持额外的可选信息，如描述、工具提示、快捷方式等（`j.m./qaction`）。
- ❏ **Git Cola**（`j.mp/git-cola`）是用 **Python** 编写的 Git GUI，它使用命令模式修改模型、修改提交、应用不同的选择、签出，等等（`j.mp/git-cola-code`）。

10.2   用例

许多开发人员将撤销示例作为命令模式的唯一用例。事实上，撤销是命令模式的杀手级特性。然而，命令模式实际上可以做更多的事情（`j.mp/commddp`）。

- ❏ **GUI 按钮和菜单项**：前面提到的 **PyQt** 示例使用命令模式来实现按钮和菜单项上的操作。
- ❏ **其他操作**：除了撤销之外，还可以使用命令来实现任何操作。例如，剪切、复制、粘贴、恢复和大写文本。
- ❏ **事务行为和日志**：事务行为和日志对于保存所有更改操作的持久日志非常重要。操作系统使用它们从系统崩溃中恢复，关系数据库使用它们来实现事务，文件系统使用它们实现快照，安装程序（向导）使用它们恢复已取消的安装。
- ❏ **宏**：这里，我们所说的宏是指可以随时按需记录和执行的一系列操作。流行的编辑器（如 Emacs 和 Vim）都支持宏。

10.3   实现

本节，我们将使用命令模式来实现最基本的文件实用程序：

- ❏ 创建文件并可选地向其写入文本（字符串）；
- ❏ 读取文件的内容；
- ❏ 重命名文件；
- ❏ 删除文件。

我们不会从头开始实现这些实用程序，因为 Python 已经在 `os` 模块中提供了它们的良好实现。我们想要做的是在它们之上添加一个额外的抽象层级，这样就可以把它们视作命令了。由此，我们可以获得命令模式提供的所有优势。

在下图的操作中，重命名文件和创建文件支持撤销。删除文件和读取文件内容不支持撤销。撤销实际上可以在删除文件操作上实现。一种技术是使用一个特殊的垃圾箱/废纸篓目录来存储所有删除的文件，以便在用户请求时恢复它们。这是所有现代桌面环境中使用的默认行为，并被留作练习。

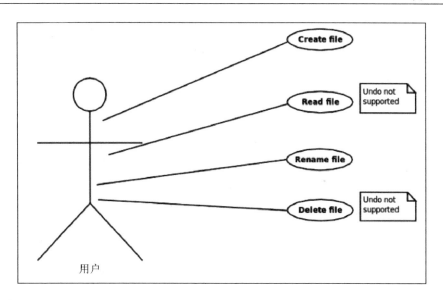

每条命令由两部分组成。

❑ **初始化部分**：由 __init__()方法负责，包含执行某些有用操作所需的所有信息（文件路径、写入文件的内容，等等）。

❑ **执行部分**：由 execute()方法处理。当我们想实际运行一个命令时，调用 execute()方法。没有必要在初始化之后立即执行。

让我们从重命名实用程序开始，它是使用 RenameFile 类实现的。__init__()方法接受源（src）和目标（dest）文件路径作为参数（字符串）。如果没有使用路径分隔符，则使用当前目录创建文件。一个使用路径分隔符的例子是将/tmp/file1 字符串作为 src 传递，将 /home/user/file2 字符串作为 dest 传递。另一个不使用路径的例子是将 file1 作为 src 传递，将 file2 作为 dest 传递。

```python
class RenameFile:
    def __init__(self, src, dest):
        self.src = src
        self.dest = dest
```

将 execute()方法添加到类中。这个方法使用 os.rename()进行实际的重命名操作。verbose 变量对应一个全局**标志**，当该标志被激活时（默认情况下，它是被激活的），它会向用户反馈所执行的操作。如果你喜欢静默命令，那么可以停用它。请注意，尽管 print()对于示例来说已经足够好了，但是我们通常可以使用更成熟和强大的工具，例如日志模块（j.mp/py3log）。

```python
def execute(self):
    if verbose:
        print(f"[renaming '{self.src}' to '{self.dest}']")
    os.rename(self.src, self.dest)
```

我们的 rename 实用程序（RenameFile）通过其 undo()方法支持撤销操作。在本例中，我们再次使用 os.rename()将文件名称还原为其原始值。

```
def undo(self):
    if verbose:
        print(f"[renaming '{self.dest}' back to '{self.src}']")
    os.rename(self.dest, self.src)
```

在本例中，删除文件是在函数中实现的，而不是在类中实现，也就是说，并不强制为要添加的每个命令创建一个新类（稍后将详细介绍）。delete_file()函数接受一个字符串形式的文件路径，并使用 os.remove()删除它。

```
def delete_file(path):
    if verbose:
        print(f"deleting file {path}")
    os.remove(path)
```

再次使用类。CreateFile 类用于创建文件。该类的__init__()方法接受常见的路径参数和作为将写入文件的内容（字符串）的 txt 参数。如果没有任何内容作为 txt 传递，则将默认的 hello world 文本写入文件。正常情况下，合理的默认行为是创建一个空文件，但出于本例的需要，我决定在其中编写一个默认字符串。

CreateFile 类定义如下：

```
class CreateFile:

    def __init__(self, path, txt='hello world\n'):
        self.path = path
        self.txt = txt
```

然后，添加 execute()方法，其中我们使用 with 语句和 Python 内置的 open()函数来打开文件（mode='w'意为写模式），并使用 write()函数来将 txt 字符串写入文件。

```
def execute(self):
    if verbose:
        print(f"[creating file '{self.path}']")
    with open(self.path, mode='w', encoding='utf-8') as out_file:
        out_file.write(self.txt)
```

创建文件的撤销操作是删除该文件。因此，我们添加到类中的 undo()方法仅使用 delete_file()函数来实现这一点。

```
def undo(self):
    delete_file(self.path)
```

最后一个实用程序使我们能够读取文件的内容。ReadFile 类的 execute()方法再次使用 open()——这次是在读模式下，并且仅使用 print()打印文件的内容。

ReadFile 类定义如下：

```python
class ReadFile:

    def __init__(self, path):
        self.path = path

    def execute(self):
        if verbose:
            print(f"[reading file '{self.path}']")

        with open(self.path, mode='r', encoding='utf-8') as in_file:
            print(in_file.read(), end='')
```

main() 函数使用我们定义的实用程序。orig_name 和 new_name 参数是创建和重命名的文件的原始名称和新名称。命令列表用于添加（和配置）我们稍后要执行的所有命令。注意，除非我们显式地为每个命令调用 execute()，否则这些命令将不会执行。

```python
def main():
    orig_name, new_name = 'file1', 'file2'
    commands = (
        CreateFile(orig_name),
        ReadFile(orig_name),
        RenameFile(orig_name, new_name)
    )
    [c.execute() for c in commands]
```

下一步，询问用户是否希望撤销执行的命令。用户选择命令是否将被撤销。如果选择撤销，则对命令列表中的所有命令执行 undo()。但是，由于不是所有命令都支持撤销，因此异常处理用于捕获并忽略在 undo() 方法不存在时生成的 AttributeError 异常。

```python
    answer = input('reverse the executed commands? [y/n] ')
    if answer not in 'yY':
        print(f"the result is {new_name}")
        exit()
    for c in reversed(commands):
        try:
            c.undo()
    except AttributeError as e:
        print("Error", str(e))
```

在这种情况下使用异常处理是可以接受的，但是如果你不喜欢，可以通过添加一个布尔方法（例如 supports_undo() 或 can_be_undo()）来显式地检查命令是否支持撤销操作。重申一下，这不是强制性的。

以下是示例的完整代码（command.py）。

(1) 导入 os 模块并定义所需的常量。

```python
    import os
    verbose = True
```

(2) 定义重命名文件操作的类。

```python
class RenameFile:

    def __init__(self, src, dest):
        self.src = src
        self.dest = dest

    def execute(self):
        if verbose:
            print(f"[renaming '{self.src}' to '{self.dest}']")
        os.rename(self.src, self.dest)

    def undo(self):
        if verbose:
            print(f"[renaming '{self.dest}' back to '{self.src}']")
        os.rename(self.dest, self.src)
```

(3) 定义创建文件操作的类。

```python
class CreateFile:

    def __init__(self, path, txt='hello world\n'):
        self.path = path
        self.txt = txt

    def execute(self):
        if verbose:
            print(f"[creating file '{self.path}']")
        with open(self.path, mode='w', encoding='utf-8') as
out_file:
            out_file.write(self.txt)

    def undo(self):
        delete_file(self.path)
```

(4) 定义读取文件操作的类。

```python
class ReadFile:

    def __init__(self, path):
        self.path = path

    def execute(self):
        if verbose:
            print(f"[reading file '{self.path}']")
        with open(self.path, mode='r', encoding='utf-8') as
in_file:
            print(in_file.read(), end='')
```

(5) 对于删除文件操作，使用一个函数（而不是类）。

```python
def delete_file(path):
    if verbose:
        print(f"deleting file {path}")
    os.remove(path)
```

(6) 程序的主体部分如下。

```python
def main():

    orig_name, new_name = 'file1', 'file2'
    commands = (
        CreateFile(orig_name),
        ReadFile(orig_name),
        RenameFile(orig_name, new_name)
    )
    [c.execute() for c in commands]
    answer = input('reverse the executed commands? [y/n] ')
    if answer not in 'yY':
        print(f"the result is {new_name}")
        exit()
    for c in reversed(commands):
        try:
            c.undo()
        except AttributeError as e:
            print("Error", str(e))
if __name__ == "__main__":
    main()
```

让我们看看两个使用 python command.py 命令的示例执行结果。

在第一个示例中，没有撤销命令，输出如下。

```
[creating file 'file1']
[reading file 'file1']
hello world
[renaming 'file1' to 'file2']
reverse the executed commands? [y/n] y
[renaming 'file2' back to 'file1']
Error 'ReadFile' object has no attribute 'undo'
deleting file file1
```

10

在第二个示例中，有撤销命令，输出如下。

```
[creating file 'file1']
[reading file 'file1']
hello world
[renaming 'file1' to 'file2']
reverse the executed commands? [y/n] n
the result is file2
```

但是等等，让我们看看在命令实现示例中可以改进什么。需要考虑的事情如下。

❑ 如果我们试图重命名一个不存在的文件，会发生什么？
❑ 对于那些因为没有适当的文件系统权限而不能重命名的文件，该怎么办？

可以尝试通过做一些错误处理来改进实用程序。检查 os 模块中函数的返回状态可能很有用。

在尝试删除操作之前，可以使用 os.path.exists() 函数检查文件是否存在。

另外，创建文件的实用程序使用由文件系统决定的默认文件权限创建文件。例如，在 POSIX 系统中，权限是 -rw-rw-r--。你可能希望用户能够通过给 CreateFile 传递适当的参数来提供自己的权限。如何能做到这一点呢？提示：一种方法是使用 os.fdopen()。

现在，有一个问题需要你思考。前面提到，命令不一定需要是类。这就是删除实用程序的实现方式，只有一个 delete_file() 函数。这种方法的优点和缺点是什么？提示：是否可以像对其他命令所做的那样，在命令列表中放入 delete 命令？我们知道函数在 Python 中是一等公民，因此可以执行以下操作（见 first-class.py 文件）。

```python
import os
verbose = True

class CreateFile:

    def __init__(self, path, txt='hello world\n'):
        self.path = path
        self.txt = txt

    def execute(self):
        if verbose:
            print(f"[creating file '{self.path}']")
        with open(self.path, mode='w', encoding='utf-8') as out_file:
            out_file.write(self.txt)

    def undo(self):
        try:
            delete_file(self.path)
        except:
            print('delete action not successful...')
            print('... file was probably already deleted.')

def delete_file(path):
    if verbose:
        print(f"deleting file {path}...")
    os.remove(path)

def main():

    orig_name = 'file1'
    df=delete_file

    commands = [CreateFile(orig_name),]
    commands.append(df)
    for c in commands:
        try:
            c.execute()
        except AttributeError as e:
            df(orig_name)
```

```
    for c in reversed(commands):
        try:
            c.undo()
        except AttributeError as e:
            pass
if __name__ == "__main__":
    main()
```

虽然这个实现示例的变体能够起作用，但是仍然存在一些问题。

❑ 代码不统一。我们过于依赖异常处理，这不是程序的正常流程。虽然我们实现的所有其他命令都有 execute() 方法，但在本例中没有 execute() 方法。

❑ 目前，删除文件的实用程序不支持撤销。如果我们最终决定为它添加撤销支持，会发生什么？通常，我们在表示命令的类中添加 undo() 方法。但是，在本例中，没有类。我们可以创建另一个函数来处理撤销，但是创建一个类是更好的方法。

10.4 小结

本章讨论了命令模式。使用此设计模式，可以将复制、粘贴等操作封装为对象。这提供了如下好处。

❑ 可以随时执行命令，而不必在创建时执行。
❑ 执行命令的客户端代码不需要知道实现命令的任何细节。
❑ 可以对命令进行分组并按特定顺序执行它们。

执行命令就像在餐馆点菜一样。每位客人的订单是一个独立的命令，它经由许多步骤，最后由厨师执行。

许多 GUI 框架，包括 PyQt，都使用命令模式来构建操作的模型，这些操作可由一个或多个事件触发并可自定义。然而，命令并不局限于框架。一般的应用程序，如 git-cola，也会使用它来提供好处。

尽管到目前为止，命令模式最广为人知的特性是撤销，但它还有很多用途。通常，可以在运行时根据用户的意愿执行的任何操作，都是使用命令模式的最佳选择。命令模式也非常适合对多个命令进行分组。它对于实现宏、多层撤销和事务非常有用。事务要么成功，要么失败。成功意味着它的所有操作都应该成功（提交操作），而失败时，它的至少一个操作失败（回滚操作）。如果你希望将命令模式提升到下一个级别，那么可以使用一个将命令分组为事务的示例。

为了演示命令，我们在 Python 的 os 模块上实现了一些基本的文件实用程序。我们的实用程序支持撤销，并具有统一的接口，这使得对命令进行分组变得很容易。

下一章将介绍观察者模式。

## 第 11 章

观察者模式 *11*

当我们需要在另一个对象的状态发生变化时更新一组对象时，MVC 模式提供了一种流行的解决方案。假设我们在两个**视图**中使用相同**模型**的数据，例如饼图和电子表格。无论何时修改模型，都需要更新这两个视图。这就是观察者设计模式的作用。

观察者模式描述单个对象（发布者，也称为**主题**或**可观察对象**）和一个或多个对象（订阅者，也称为**观察者**）之间的发布–订阅关系。

对于 MVC，发布者是模型，订阅者是视图。我们将在本章中讨论其他例子。

观察者背后的思想与关注点分离原则背后的思想是相同的，即增加发布者和订阅者之间的解耦，并使在运行时添加/删除订阅者变得容易。

本章将讨论：

- ❑ 现实生活中的例子
- ❑ 用例
- ❑ 实现

11.1 现实生活中的例子

在现实中，拍卖和观察者模式很像。每个竞买人都有一个号码牌，每当他们想要出价时，就举起号码牌。当竞买人举起牌子时，拍卖人即为主题，更新竞买价格，并将新价格广播给所有竞买人（订阅者）。

在软件领域中，我们至少可以举出两个例子。

- ❑ Kivy，一个用于开发用户界面的 Python 框架，它有一个名为 Properties 的模块，该模块实现了观察者模式。使用这种技术，你可以指定属性值发生更改时的行为。
- ❑ RabbitMQ 库可用于向应用程序添加异步消息支持。它支持多种消息传递协议，如 HTTP 和 AMQP。RabbitMQ 可以在 Python 应用程序中用于实现发布–订阅模式，该模式就是观察者设计模式（ `j.mp/rabbitmqobs` ）。

11.2   用例

通常，当想要向**一个或多个对象**（观察者/订阅者）通知/更新发生在**给定对象**（主题/发布者/可观察对象）上的更改时，我们使用观察者模式。观察者的数量和身份可能会发生变化，这些改变可以是动态的。

我们可以想到很多观察者的应用场景。**新闻流**是其中一个用例。使用 RSS、Atom 或其他相关格式，你可以关注一个新闻流，这样每次它更新时，你都会收到一个关于更新的通知。

同样的概念也存在于社交网络中。如果你正在使用社交网络服务与另一个人联络，且你的联系人更新了一些东西，你就会得到通知。无论他是你关注的一个 Twitter 用户、Facebook 上的一个现实生活中的朋友，还是 LinkedIn 上的一个公司同事，对此都没有影响。

事件驱动系统是另一个经常使用观察者的例子。在这样的系统中，由监听器来监听特定的事件。监听器在监听的事件被创建时触发。这个事件可以是按下一个特定的键（在键盘上）、移动鼠标，等等。事件扮演发布者的角色，监听器扮演观察者的角色。这种情况的关键点在于可以为单个事件（发布者）添加多个监听器（观察者）。

11.3   实现

在本节中，我们将实现一个数据格式化程序。这里描述的思想基于 ActiveState Python Observer 的代码技巧。有一个默认的格式化程序，它以十进制格式显示一个值。然而，我们可以添加/注册更多的格式化程序。在本例中，我们将添加十六进制和二进制格式化程序。每次更新默认格式化程序的值时，都会通知已注册的格式化程序并采取行动。在这种情况下，程序将以相关格式显示新值。

在一些模式中，继承能体现其价值，观察者模式便是其中之一。我们可以有一个基本的 Publisher 类，它包含添加、删除和通知观察者的公共功能。DefaultFormatter 类派生自 Publisher，并添加特定于格式化程序的功能。我们可以根据需要动态地添加和删除观察者。

让我们从 Publisher 类开始。观察者被保存在观察者名单中。add() 方法注册一个新的观察者，如果它已经存在，则抛出一个错误。remove() 方法注销一个现有的观察者，或者在不存在观察者时抛出异常。最后，notify() 方法通知所有观察者更改的信息。

```
class Publisher:
    def __init__(self):
        self.observers = []

    def add(self, observer):
        if observer not in self.observers:
            self.observers.append(observer)
        else:
```

```
        print(f'Failed to add: {observer}')

    def remove(self, observer):
        try:
            self.observers.remove(observer)
        except ValueError:
            print(f'Failed to remove: {observer}')

    def notify(self):
        [o.notify(self) for o in self.observers]
```

接下来是 DefaultFormatter 类。它的 __init__() 做的第一件事是调用基类的 __init__() 方法，因为这在 Python 中不是自动完成的。

DefaultFormatter 实例有一个名称，以便我们跟踪其状态。我们在_data 变量中使用名称混淆来表明不应该直接访问它。注意，直接访问_data 在 Python 中总是可能的，但是其他开发人员没有理由这样做，因为代码已经声明他们不应该这样做。在这种情况下使用名称混淆有一个严肃的原因。请继续关注。DefaultFormatter 将_data 变量视为整数，默认值为 0。

```
class DefaultFormatter(Publisher):
    def __init__(self, name):
        Publisher.__init__(self)
        self.name = name
        self._data = 0
```

__str__() 方法返回关于发布者名称和_data 属性值的信息。type(self).__name__ 是一种不需要硬编码就可以获得类名的简便方法。这是一个技巧，能使你的代码更容易维护。

```
    def __str__(self):
        return f"{type(self).__name__}: '{self.name}' has data =
        {self._data}"
```

有两个 data()方法。第一个使用@property 装饰器来提供对_data 变量的访问权限。这样我们可以仅执行 object.data 而不是 object.data()。

```
    @property
    def data(self):
        return self._data
```

第二个 data()方法更有趣。它使用@setter 装饰器，每次使用赋值（=）操作符为_data 变量赋值时都会调用该装饰器。此方法还尝试将新值转换为整数，并在此操作失败时执行异常处理。

```
    @data.setter
    def data(self, new_value):
        try:
            self._data = int(new_value)
        except ValueError as e:
            print(f'Error: {e}')
        else:
            self.notify()
```

下一步是添加观察者。HexFormatter 和 BinaryFormatter 的功能非常相似，唯一的区别是它们格式化发布者接收到的数据值的方式——分别是十六进制和二进制形式。

```
class HexFormatterObs:
    def notify(self, publisher):
        value = hex(publisher.data)
        print(f"{type(self).__name__}: '{publisher.name}' has now hex data
= {value}")

class BinaryFormatterObs:
    def notify(self, publisher):
        value = bin(publisher.data)
        print(f"{type(self).__name__}: '{publisher.name}' has now bin data
= {value}")
```

为了帮助我们使用这些类，main()函数首先创建一个名为 test1 的 DefaultFormatter 实例，然后绑定（和解绑）两个可用的观察者。我们还进行了一些异常处理，以确保在用户传递错误的数据时应用程序不会崩溃。

```
def main():
    df = DefaultFormatter('test1')
    print(df)

    print()
    hf = HexFormatterObs()
    df.add(hf)
    df.data = 3
    print(df)

    print()
    bf = BinaryFormatterObs()
    df.add(bf)
    df.data = 21
    print(df)
```

此外，尝试两次添加相同的观察者或删除不存在的观察者等任务应该不会导致崩溃。

```
print()
df.remove(hf)
df.data = 40
print(df)

print()
df.remove(hf)
df.add(bf)

df.data = 'hello'
print(df)

print()
df.data = 15.8
print(df)
```

下面概括一下示例的完整代码（observer.py 文件）。

(1) 定义 Publisher 类。

```
class Publisher:
    def __init__(self):
        self.observers = []
    def add(self, observer):
        if observer not in self.observers:
            self.observers.append(observer)
        else:
            print(f'Failed to add: {observer}')
    def remove(self, observer):
        try:
            self.observers.remove(observer)
        except ValueError:
            print(f'Failed to remove: {observer}')
    def notify(self):
        [o.notify(self) for o in self.observers]
```

(2) 定义 DefaultFormatter 类，以及特殊的 __init__ 和 __str__ 方法。

```
class DefaultFormatter(Publisher):
    def __init__(self, name):
        Publisher.__init__(self)
        self.name = name
        self._data = 0
    def __str__(self):
        return f"{type(self).__name__}: '{self.name}' has data =
{self._data}"
```

(3) 向 DefaultFormatter 类添加 data 属性的设置方法和获取方法。

```
@property
def data(self):
    return self._data
@data.setter
def data(self, new_value):
    try:
        self._data = int(new_value)
    except ValueError as e:
        print(f'Error: {e}')
    else:
        self.notify()
```

(4) 定义两个观察者类。

```
class HexFormatterObs:
    def notify(self, publisher):
        value = hex(publisher.data)
        print(f"{type(self).__name__}: '{publisher.name}' has now
        hex data = {value}")
class BinaryFormatterObs:
    def notify(self, publisher):
        value = bin(publisher.data)
        print(f"{type(self).__name__}: '{publisher.name}' has now
        bin data = {value}")
```

11

(5) 添加程序的主体部分。`main()` 函数的第一部分如下。

```python
def main():
    df = DefaultFormatter('test1')
    print(df)
    print()
    hf = HexFormatterObs()
    df.add(hf)
    df.data = 3
    print(df)
    print()
    bf = BinaryFormatterObs()
    df.add(bf)
    df.data = 21
    print(df)
```

(6) `main()` 函数的结尾如下。

```python
    print()
    df.remove(hf)
    df.data = 40
    print(df)
    print()
    df.remove(hf)
    df.add(bf)
    df.data = 'hello'
    print(df)
    print()
    df.data = 15.8
    print(df)
```

(7) 不要忘了调用 `main()` 函数的常用代码段。

```python
if __name__ == '__main__':
    main()
```

执行 `python observer.py` 命令的输出如下。

```
DefaultFormatter: 'test1' has data = 0

HexFormatterObs: 'test1' has now hex data = 0x3
DefaultFormatter: 'test1' has data = 3

HexFormatterObs: 'test1' has now hex data = 0x15
BinaryFormatterObs: 'test1' has now bin data = 0b10101
DefaultFormatter: 'test1' has data = 21

BinaryFormatterObs: 'test1' has now bin data = 0b101000
DefaultFormatter: 'test1' has data = 40

Failed to remove: <__main__.HexFormatterObs object at 0x000002J707F90D30>
Failed to add: <__main__.BinaryFormatterObs object at 0x0000023707F90D68>
Error: invalid literal for int() with base 10: 'hello'
DefaultFormatter: 'test1' has data = 40

BinaryFormatterObs: 'test1' has now bin data = 0b1111
DefaultFormatter: 'test1' has data = 15
```

由输出可见，随着额外观察者的加入，会显示更多相关的输出。当观察者被删除时，它不再收到通知。这正是我们想要的：能够按需启用/禁用的运行时通知。

应用程序的防御性编程部分似乎也运作得很好。一些有趣的事情是不被允许的，比如删除不存在的观察者，或者两次添加相同的观察者。命令行显示的消息不是很友好，但我把它留给你作为练习。运行时失败，如试图在 API 期望数字时传递字符串，也会得到正确处理，而不会导致应用程序崩溃/终止。

如果这个例子是交互式的，那么它将更加有趣。即使是一个允许用户在运行时绑定/解绑观察者并修改 `DefaultFormatter` 值的简单菜单也很好，因为运行时变得更加可见。你可以尽情尝试。

另一个不错的练习是添加更多的观察者。例如，你可以添加八进制格式化程序、罗马数字格式化程序，或任何其他使用你最喜欢的表示形式的观察者。发挥你的创意吧！

11.4　小结

本章介绍了观察者设计模式。当希望能够在对象状态发生变化时告知/通知所有相关者（一个对象或一组对象）时，我们使用观察者。观察者的一个重要特性是，订阅者/观察者的数量以及订阅者的身份可能会发生变化，并且可以在运行时进行更改。

要理解观察者，你可以想想拍卖，其中竞买人是订阅者，拍卖人是发布者。这种模式在软件世界中使用得相当多。

作为使用观察者模式的软件的具体例子，我们提到了以下两点。

❑ Kivy，一个开发创新型用户界面的框架。它包含了 Properties 概念和模块。
❑ RabbitMQ 的 Python 绑定。我们提到了用于实现发布–订阅（也称为观察者）模式的 RabbitMQ 的一个特定示例。

在实现示例中，我们了解了如何使用观察者模式创建数据格式化程序。这些数据格式化程序可以在运行时添加和删除，以丰富对象的行为。希望你会对推荐的练习感兴趣。

下一章将介绍状态设计模式，它可以用来实现计算机科学的一个核心概念——状态机。

11

## 第 12 章

状态模式

12

在前一章中，我们讨论了观察者模式，它在程序中非常有用，可以在给定对象的状态发生变化时通知其他对象。让我们继续探索四人组提出的设计模式。

面向对象编程（OOP）聚焦于维护相互作用的对象的状态。在解决许多问题时，**有限状态机**（通常称为**状态机**）是一个非常方便的**状态转换**建模工具。

什么是状态机？状态机是一台抽象机器，它具有两个关键属性——**状态和转换**。状态是系统的当前（激活）状态。例如，如果我们有一个无线电接收器，那么它有两种可能的状态——被调为 FM 或 AM。还有一种可能的状态是从一个 FM/AM 无线电台切换到另一个 FM/AM 无线电台。转换是从一种状态到另一种状态的变化。转换由触发事件或条件启动。通常，一个或一组操作在转换发生之前或之后执行。假设我们的无线电接收机调到 FM107 电台，一个转换的例子是听众按下按钮将其切换到 107.5 调频。

状态机的一个很好的特性是可以表示为图（称为**状态图**），其中每个状态是一个节点，每个转换是两个节点之间的一条线。

状态机可用于解决许多类型的问题，包括非计算机问题和计算机问题。非计算机的例子包括自动售货机、电梯、交通灯、组合锁、停车计时器和自动气泵。计算机的例子包括游戏编程和其他类型的计算机编程、硬件设计、协议设计和编程语言解析。

现在我们知道状态机是什么了，但是，状态机与状态设计模式有什么关系呢？事实证明，状态模式只不过是应用于特定软件工程问题的状态机。

本章将讨论：

❑ 现实生活中的例子
❑ 用例
❑ 实现

12.1　现实生活中的例子

零食自动售货机是日常生活中状态模式的一个例子。自动售货机有不同的状态，并根据放入的钱的数量做出不同的反应。根据我们的选择和放入的钱，机器可以做出以下反应。

- ❑ 拒绝我们的选择，因为请求的货物已售空。
- ❑ 拒绝我们的选择，因为放入的钱不够。
- ❑ 交付货物，且不找零，因为放入的钱刚刚好。
- ❑ 交付货物，并找零。

当然，有更多可能的状态，但你明白重点就好。

在软件领域中，可以考虑以下例子。

- ❑ django-fsm 是一个第三方包，可以用来简化 Django 框架中状态机的实现和使用（j.mp/django-fsm）。
- ❑ Python 提供了多个第三方包/模块来使用和实现状态机（j.m./pyfsm）。我们将在 12.3 节中看到如何使用其中的一个。
- ❑ 状态机编译器（SMC）项目。使用 SMC，你可以用简单的领域特定语言（DSL）在单文本文件中描述状态机，它将自动生成状态机的代码。该项目声称 DSL 非常简单，你可以将其编写为状态图的一对一转换。我没试过，但听起来很有趣。SMC 可以生成多种编程语言的代码，包括 Python。

12.2　用例

状态模式适用于许多问题。所有可以使用状态机解决的问题都是状态模式的良好用例。我们已经见过的一个例子是操作/嵌入式系统的进程模型。

编程语言编译器的实现是另一个很好的例子。词法和句法分析可以使用状态来构建抽象的语法树。

事件驱动的系统也是一个例子。在事件驱动的系统中，从一种状态到另一种状态的转换触发一个事件/消息。许多电脑游戏都使用这种技术。例如，当主人公接近怪物时，怪物可能从守卫状态变换为攻击状态。

这里引用 Thomas Jaeger 的话：

　　"状态设计模式能够在上下文中对无限数量的状态进行完全封装，以提高可维护性和灵活性。"

12.3 实现

让我们编写代码，演示如何根据本章前面显示的状态图创建状态机。我们的状态机应该覆盖流程的不同状态及其之间的转换。

状态设计模式通常使用父 State 类和其派生的具体类来实现。父 State 类包含所有状态的公共功能，而派生类只包含特定状态所要求的功能。在我看来，这些是实现细节。状态模式专注于实现状态机。状态机的核心部分是状态和状态之间的转换。这些部分是如何实现的并不重要。

为了避免重复造轮子，我们可以利用现有的 Python 模块。这些模块不仅可以帮助我们创建状态机，还可以用 Python 的方式来实现状态机。state_machine 是一个非常有用的模块。在继续之前，如果你的系统上还没有安装 state_machine，可以使用 pip install state_machine 命令来安装它。

state_machine 模块非常简单，不需要特别介绍。在阅读示例代码时，我们将介绍它的大部分内容。

让我们从 Process 类开始。每个创建的进程都有自己的状态机。使用 state_machine 模块创建状态机的第一步是使用@acts_as_state_machine 装饰器。

```
@acts_as_state_machine
class Process:
```

然后，定义状态机的状态。这是我们在状态图中看到的一对一映射。唯一的区别是，我们应该给出关于状态机初始状态的提示。我们将 initial 属性值设置为 True。

```
created = State(initial=True)
waiting = State()
running = State()
terminated = State()
blocked = State()
swapped_out_waiting = State()
swapped_out_blocked = State()
```

接下来，定义转换。在 state_machine 模块中，转换是 Event 类的一个实例。我们使用参数 from_states 和 to_state 定义可能的转换。

```
wait = Event(from_states=(created,
                          running,
                          blocked,
                          swapped_out_waiting),
             to_state=waiting)
run = Event(from_states=waiting,
            to_state=running)
terminate = Event(from_states=running,
                  to_state=terminated)
block = Event(from_states=(running,
```

12

```
                                swapped_out_blocked),
                    to_state=blocked)
swap_wait = Event(from_states=waiting,
                    to_state=swapped_out_waiting)
swap_block = Event(from_states=blocked,
                    to_state=swapped_out_blocked)
```

另外，正如你可能已经注意到的，from_states 可以是单个状态，也可以是一组状态（元组）。

每个进程都有一个名称。正式地说，一个进程需要有更多有用的信息，例如 ID、优先级、状态等，但是现在我们只关注设计模式。

```
def __init__(self, name):
    self.name = name
```

如果在发生转换时什么都没有发生，那么转换就不是很有用。state_machine 模块为我们提供了 @before 和 @after 装饰器，二者可以分别用于在转换发生之前或之后执行操作。你可以想象在系统中更新一些对象，或者向某人发送电子邮件或通知。在本例中，操作仅限于打印关于进程状态更改的信息。

```
@after('wait')
def wait_info(self):
    print(f'{self.name} entered waiting mode')

@after('run')
def run_info(self):
    print(f'{self.name} is running')

@before('terminate')
def terminate_info(self):
    print(f'{self.name} terminated')

@after('block')
def block_info(self):
    print(f'{self.name} is blocked')

@after('swap_wait')
def swap_wait_info(self):
    print(f'{self.name} is swapped out and waiting')

@after('swap_block')
def swap_block_info(self):
    print(f'{self.name} is swapped out and blocked')
```

接下来，我们需要 transition() 函数，它接受三个参数：

❏ process，Process 的一个实例；
❏ event，Event 的一个实例（wait、run、terminate 等）；
❏ event_name，事件的名称。

如果在尝试执行事件时出错，则输出事件的名称。

下面是 transition() 函数的代码：

```
def transition(process, event, event_name):
    try:
        event()
    except  InvalidStateTransition as err:
        print(f'Error: transition of {process.name}
                from {process.current_state} to {event_name} failed')
```

state_info() 函数显示进程当前（激活）状态的一些基本信息。

```
def state_info(process):
    print(f'state of {process.name}: {process.current_state}')
```

在 main() 函数的开头，我们定义了一些字符串常量，它们被作为 event_name 传递。

```
def main():
    RUNNING = 'running'
    WAITING = 'waiting'
    BLOCKED = 'blocked'
    TERMINATED = 'terminated'
```

接下来，创建两个 Process 实例并展示它们的初始状态信息。

```
p1, p2 = Process('process1'), Process('process2')
[state_info(p) for p in (p1, p2)]
```

函数的剩余部分尝试不同的转换。回想一下我们在本章中讨论的状态图。允许的转换应该与状态图相关。例如，应该可以从一个运行状态切换到一个阻塞状态，但是不应该从一个阻塞状态切换到一个运行状态。

```
print()
transition(p1, p1.wait, WAITING)
transition(p2, p2.terminate, TERMINATED)
[state_info(p) for p in (p1, p2)]
print()
transition(p1, p1.run, RUNNING)
transition(p2, p2.wait, WAITING)
[state_info(p) for p in (p1, p2)]
print()
transition(p2, p2.run, RUNNING)
[state_info(p) for p in (p1, p2)]
print()
[transition(p, p.block, BLOCKED) for p in (p1, p2)]
[state_info(p) for p in (p1, p2)]
print()
[transition(p, p.terminate, TERMINATED) for p in (p1, p2)]
[state_info(p) for p in (p1, p2)]
```

12

下面是示例的完整代码（state.py 文件）。

(1) 首先，从 state_machine 中导入所需模块。

```
from state_machine import (State, Event, acts_as_state_machine,
                           after, before, InvalidStateTransition)
```

(2) 定义 Process 类及其简单的属性。

```
@acts_as_state_machine
class Process:
    created = State(initial=True)
    waiting = State()
    running = State()
    terminated = State()
    blocked = State()
    swapped_out_waiting = State()
    swapped_out_blocked = State()
    wait = Event(from_states=(created,
                              running,
                              blocked,
                              swapped_out_waiting),
                 to_state=waiting)
    run = Event(from_states=waiting,
                to_state=running)
    terminate = Event(from_states=running,
                      to_state=terminated)
    block = Event(from_states=(running,
                               swapped_out_blocked),
                  to_state=blocked)
    swap_wait = Event(from_states=waiting,
                      to_state=swapped_out_waiting)
    swap_block = Event(from_states=blocked,
                       to_state=swapped_out_blocked)
```

(3) 定义 Process 类的初始化方法。

```
def __init__(self, name):
    self.name = name
```

(4) 在 Process 类上定义提供状态的方法。

```
@after('wait')
def wait_info(self):
    print(f'{self.name} entered waiting mode')
@after('run')
def run_info(self):
    print(f'{self.name} is running')
@before('terminate')
def terminate_info(self):
    print(f'{self.name} terminated')
@after('block')
def block_info(self):
    print(f'{self.name} is blocked')
@after('swap_wait')
```

```
def swap_wait_info(self):
    print(f'{self.name} is swapped out and waiting')
@after('swap_block')
def swap_block_info(self):
    print(f'{self.name} is swapped out and blocked')
```

(5) 定义 `transition()` 函数。

```
def transition(process, event, event_name):
    try:
        event()
    except  InvalidStateTransition as err:
        print(f'Error: transition of {process.name}
                from {process.current_state} to {event_name} failed')
```

(6) 定义 `state_info()` 函数。

```
def state_info(process):
    print(f'state of {process.name}: {process.current_state}')
```

(7) 最后是程序的主体部分。

```
def main():
    RUNNING = 'running'
    WAITING = 'waiting'
    BLOCKED = 'blocked'
    TERMINATED = 'terminated'
    p1, p2 = Process('process1'), Process('process2')
    [state_info(p) for p in (p1, p2)]
    print()
    transition(p1, p1.wait, WAITING)
    transition(p2, p2.terminate, TERMINATED)
    [state_info(p) for p in (p1, p2)]
    print()
    transition(p1, p1.run, RUNNING)
    transition(p2, p2.wait, WAITING)
    [state_info(p) for p in (p1, p2)]
    print()
    transition(p2, p2.run, RUNNING)
    [state_info(p) for p in (p1, p2)]
    print()
    [transition(p, p.block, BLOCKED) for p in (p1, p2)]
    [state_info(p) for p in (p1, p2)]
    print()
    [transition(p, p.terminate, TERMINATED) for p in (p1, p2)]
    [state_info(p) for p in (p1, p2)]
if __name__ == '__main__':
    main()
```

执行 `python state.py` 时的输出如下。

```
state of process1: created
state of process2: created

process1 entered waiting mode
Error: transition of process2 from created to terminated failed
state of process1: waiting
state of process2: created

process1 is running
process2 entered waiting mode
state of process1: running
state of process2: waiting

process2 is running
state of process1: running
state of process2: running

process1 is blocked
process2 is blocked
state of process1: blocked
state of process2: blocked

Error: transition of process1 from blocked to terminated failed
Error: transition of process2 from blocked to terminated failed
state of process1: blocked
state of process2: blocked
```

的确，输出结果显示非法的状态转换（如 created→terminated 和 blocked→terminated）都失败了。我们不希望应用程序在请求非法转换时崩溃，而这可以由 except 代码块正确处理。

注意，使用 state_machine 这样的优秀模块可以消除条件逻辑。没有必要使用又长又容易出错的 if-else 语句来检查每个状态转换并对它们做出响应。

为了更好地理解状态模式和状态机，我强烈建议你实现自己的示例。这可以是任何东西：一个简单的电子游戏（你可以使用状态机来处理主人公和敌人的状态）、电梯、解析器或任何可以使用状态机建模的系统。

12.4　小结

这一章讨论了状态设计模式。状态模式是用于解决特定软件工程问题的一个或多个有限状态机（简称状态机）的实现。

状态机是一个抽象机器，它有两个主要组件：状态和转换。状态是系统的当前状态。状态机在任何时间点只能有一个激活状态。转换是从当前状态到新状态的变化。在转换发生之前或之后通常会执行一个或多个操作。状态机可以使用状态图进行可视化表示。

状态机用于解决许多计算机问题和非计算机问题，其中包括交通灯、停车计时器、硬件设计、编程语言解析，等等。我们了解了零食自动售货机与状态机工作方式的联系。

现代软件提供库/模块来简化状态机的实现和使用。Django 提供第三方 `django-fsm` 包，Python 也有许多社区贡献的模块。实际上，12.3 节中就使用了其中一个（`state_machine`）。状态机编译器是另一个有前途的项目，它提供了许多编程语言绑定，包括 Python。

我们了解了如何使用 `state_machine` 模块为计算机系统进程来实现状态机。`state_machine` 模块简化了状态机的创建和转换之前/之后操作的定义。

在下一章中，我们将讨论其他行为型设计模式：解释器模式、策略模式、备忘录模式、迭代器模式和模板模式。

12

## 第 13 章

其他行为型模式

13

我们在第 12 章中学习了状态模式，它使用状态机帮助我们在对象的内部状态发生变化时改变行为。还有许多行为模式，本章将讨论其中五种：解释器模式、策略模式、备忘录模式、迭代器模式和模板模式。

何为解释器模式？解释器模式对于应用程序的高级用户来说很有趣。此模式背后的主要思想是让非初学者用户和领域专家能够使用简单的语言，在处理应用程序时获得更高的效率。

何为策略模式？策略模式提倡使用多种算法来解决问题。例如，如果你有两种算法来解决一个问题，这两种算法在不同的数据输入情况下有不同的性能，那么你可以使用策略来在运行时根据输入数据决定使用哪种算法。

何为备忘录模式？备忘录模式有助于在应用程序中添加对**撤销**和**历史记录**的支持。在实现时，对于给定的对象，用户能够恢复以前创建的状态，并将其保留下来以备日后使用。

何为迭代器模式？迭代器模式提供了一种有效的方法来处理对象容器，并使用著名的 next 语义，每次只遍历一个成员。它非常有用，因为在编程中，特别是在算法中，我们经常使用对象的序列和集合。

何为模板模式？模板模式侧重于消除代码冗余，其思想是我们应该能够在不改变算法结构的情况下重新定义算法的某些部分。

本章将讨论：

❑ 解释器模式
❑ 策略模式
❑ 备忘录模式
❑ 迭代器模式
❑ 模板模式

13.1　解释器模式

通常，我们想要创建的是**领域特定语言**（DSL）。DSL 是一种针对特定领域的表达能力有限的计算机语言。DSL 可用于不同的事务，例如战斗模拟、计费、可视化、配置、通信协议，等等。DSL 可以分为内部 DSL 和外部 DSL（参见 j.mp/wikidsl 和 j.mp/fowlerdsl）。

内部 DSL 构建在宿主编程语言之上。内部 DSL 的一个例子是使用 Python 解决线性方程的语言。使用内部 DSL 的优点是，我们不必担心创建、编译和解析语法，因为宿主语言已经处理了这些问题，缺点是我们受到宿主语言特性的限制。如果宿主语言没有这些特性，那么创建一个具有表达力的、简洁和流畅的内部 DSL 是非常具有挑战性的（j.mp/jwodsl）。

外部 DSL 不依赖于宿主语言。DSL 的创建者可以决定语言的所有方面（语法、句法等），他们还负责为 DSL 创建解析器和编译器。为一种新语言创建解析器和编译器可能是一个非常复杂、漫长和痛苦的过程（j.mp/jwodsl）。

解释器模式只与内部 DSL 相关。因此，我们的目标是使用宿主编程语言（在本例中是 Python）提供的特性，创建一种简单但有用的语言。注意，解释器根本不处理解析。它假设我们已经以某种方便的形式解析了数据。它可以是**抽象语法树**（**AST**）或任何其他方便的数据结构。

13.1.1　现实生活中的例子

在现实中，音乐家是解释器模式的一个例子。乐谱用图形来表示声音的音高和持续时间。音乐家能够根据音符准确地再现声音。从某种意义上说，乐谱是音乐的语言，而音乐家是这种语言的解释者。

我们也可以引用一些软件示例。

❑ 在 C++世界中，boost::spirit 被认为是实现解析器的内部 DSL。
❑ Python 中的一个例子是 PyT，它是用来生成(X)HTML 的内部 DSL。PyT 注重性能，并声称其速度与 Jinja2（j.mp/ghpyt）相当。当然，PyT 不一定要使用解释器模式。然而，由于它是一个内部 DSL，因此解释器是一个非常好的选择。

13.1.2　用例

当我们希望向领域专家和高级用户提供一种简单的语言来解决他们的问题时，就会使用解释器模式。首先应该强调的是，解释器应该只用于实现简单的语言。如果该语言要求外部 DSL，那么可以使用更好的工具从头开始创建语言（Yacc 和 Lex、Bison、ANTLR，等等）。

我们的目标是向专家（通常不是程序员）提供正确的编程抽象，以使其具有生产力。理想情况下，使用我们的 DSL 并不要求熟知高级 Python 技巧，但是了解一点 Python 是一个加分项（因为我们终将了解）。掌握高级 Python 概念并不是一个硬性要求。此外，DSL 的性能通常不是关注的重点。重点在于提供一种语言，它能够隐藏宿主语言的特性并提供更易于阅读的语法。诚然，Python 已经是一种可读性很高的语言了，它的语法远没有其他编程语言那么奇怪。

13.1.3　实现

让我们创建一个内部 DSL 来控制智能住宅。这个例子非常适合**物联网**（IoT）时代，这个时代正受到越来越多的关注。用户可以使用一个非常简单的事件符号来控制他们的家。事件具有 `command -> receiver -> arguments` 的形式。`arguments` 部分是可选的。

并非所有事件都需要参数。以下显示了一个不需要任何参数的事件示例：

```
open -> gate
```

下面是一个需要参数的事件示例：

```
increase -> boiler temperature -> 3 degrees
```

`->`符号用于标记事件的一部分的结束，并声明下一部分的开始。实现内部 DSL 的方法有很多。我们可以使用普通且老生常谈的正则表达式、字符串处理，或者运算符重载和元编程的组合，又或者使用一个库/工具来完成繁重的工作。虽然从官方角度讲，解释器不处理解析，但我觉得实际的示例也需要涉及解析。为此，我决定使用一个工具来处理解析部分。该工具名为 Pyparsing。要了解它的更多信息，请阅读 Paul McGuire 编写的迷你书 *Getting Started with Pyparsing*。如果你的系统还没有安装 Pyparsing，可以使用 `pip install pyparsing` 命令来安装它。

写代码之前，为我们的语言定义一个简单的语法是很好的实践。我们可以使用**巴科斯范式**（BNF）表示法来定义语法（j.mp/bnfgram）：

```
event ::= command token receiver token arguments
command ::= word+
word ::= a collection of one or more alphanumeric characters
token ::= ->
receiver ::= word+
arguments ::= word+
```

语法大致说的是：事件具有 `command -> receiver -> arguments` 的形式，而命令、接收者和参数具有相同的形式，它们是一个或多个字母数字字符的集合。数字部分是必要的，因为它允许我们传递参数，例如 `increase -> boiler temperature -> 3 degrees` 命令。

现在我们已经定义了语法，接下来可以将其转换为实际代码。

```
word = Word(alphanums)
command = Group(OneOrMore(word))
token = Suppress("->")
device = Group(OneOrMore(word))
```

13

```
argument = Group(OneOrMore(word))
event = command + token + device + Optional(token + argument)
```

代码和语法定义之间的基本区别是，代码需要用自底向上的方法编写。例如，我们不能在不给单词赋值的情况下使用它。Suppress 用于声明我们希望在解析的结果中跳过->符号。

此实现示例的完整代码（interpreter.py 文件）使用了许多占位符类，但是为了让你集中注意力，我将首先展示一个只有一个类的最小版本。观察 Boiler 类。锅炉默认为 83℃。有两种提高或降低当前温度的方法。

```
class Boiler:
    def __init__(self):
        self.temperature = 83 # 单位为摄氏度
    def __str__(self):
        return f'boiler temperature: {self.temperature}'
    def increase_temperature(self, amount):
        print(f"increasing the boiler's temperature by {amount} degrees")
        self.temperature += amount
    def decrease_temperature(self, amount):
        print(f"decreasing the boiler's temperature by {amount} degrees")
        self.temperature -= amount
```

下一步是添加我们已经讨论过的语法。我们还将创建一个 boiler 实例并打印其默认状态。

```
word = Word(alphanums)
command = Group(OneOrMore(word))
token = Suppress("->")
device = Group(OneOrMore(word))
argument = Group(OneOrMore(word))
event = command + token + device + Optional(token + argument)

boiler = Boiler()
print(boiler)
```

检索已解析的 pyparsing 输出的最简单方法是使用 parseString()方法。输出结果是一个 ParseResults 实例，它实际上是一个可以作为嵌套列表处理的解析树。例如，执行 print(event.parseString('increase -> boiler temperature -> 3 degrees'))会给出[['increase'], ['boiler', 'temperature'], ['3', 'degrees']]结果。

所以，在这种情况下，我们知道第一个子表是命令（增加），第二个子表是接收者（锅炉温度），第三个子表是参数（3℃）。我们实际上可以解构 ParseResults 实例，这样就能够直接访问事件的三个部分，这也意味着我们可以匹配模式来找出应该执行的方法。

```
cmd, dev, arg = event.parseString('increase -> boiler temperature -> 3
degrees')
cmd_str = ' '.join(cmd)
dev_str = ' '.join(dev)

if 'increase' in cmd_str and 'boiler' in dev_str:
```

```
        boiler.increase_temperature(int(arg[0]))
print(boiler)
```

执行前面的代码片段（照例使用 `python boiler.py`），输出如下。

```
boiler temperature: 83
increasing the boiler's temperature by 3 degrees
boiler temperature: 86
```

完整的代码（interpreter.py 文件）与我刚才描述的没有太大的不同。它只是被扩展来支持更多的事件和设备。具体如下。

❑ 首先，从 pyparsing 导入所有需要的模块。

```
from pyparsing import Word, OneOrMore, Optional, Group, Suppress,
alphanums
```

❑ 定义 Gate 类。

```
class Gate:
    def __init__(self):
        self.is_open = False
    def __str__(self):
        return 'open' if self.is_open else 'closed'
    def open(self):
        print('opening the gate')
        self.is_open = True
    def close(self):
        print('closing the gate')
        self.is_open = False
```

❑ 定义 Garage 类。

```
class Garage:
    def __init__(self):
        self.is_open = False
    def __str__(self):
        return 'open' if self.is_open else 'closed'
    def open(self):
        print('opening the garage')
        self.is_open = True
    def close(self):
        print('closing the garage')
        self.is_open = False
```

❑ 定义 Aircondition 类。

```
class Aircondition:
    def __init__(self):
        self.is_on = False
    def __str__(self):
        return 'on' if self.is_on else 'off'
```

13

```
    def turn_on(self):
        print('turning on the air condition')
        self.is_on = True
    def turn_off(self):
        print('turning off the air condition')
        self.is_on = False
```

❑ 定义 Heating 类。

```
class Heating:
    def __init__(self):
        self.is_on = False
    def __str__(self):
        return 'on' if self.is_on else 'off'
    def turn_on(self):
        print('turning on the heating')
        self.is_on = True
    def turn_off(self):
        print('turning off the heating')
        self.is_on = False
```

❑ 定义 Boiler 类。

```
class Boiler:
    def __init__(self):
        self.temperature = 83 # 单位为摄氏度
    def __str__(self):
        return f'boiler temperature: {self.temperature}'
    def increase_temperature(self, amount):
        print(f"increasing the boiler's temperature by {amount}
degrees")
        self.temperature += amount
    def decrease_temperature(self, amount):
        print(f"decreasing the boiler's temperature by {amount}
degrees")
        self.temperature -= amount
```

❑ 最后，定义 Fridge 类。

```
class Fridge:
    def __init__(self):
        self.temperature = 2 # 单位为摄氏度
    def __str__(self):
        return f'fridge temperature: {self.temperature}'
    def increase_temperature(self, amount):
        print(f"increasing the fridge's temperature by {amount}
degrees")
        self.temperature += amount
    def decrease_temperature(self, amount):
        print(f"decreasing the fridge's temperature by {amount}
degrees")
        self.temperature -= amount
```

- 下面是 main 函数的第一部分。

```
def main():
    word = Word(alphanums)
    command = Group(OneOrMore(word))
    token = Suppress("->")
    device = Group(OneOrMore(word))
    argument = Group(OneOrMore(word))
    event = command + token + device + Optional(token + argument)
    gate = Gate()
    garage = Garage()
    airco = Aircondition()
    heating = Heating()
    boiler = Boiler()
    fridge = Fridge()
```

- 使用以下变量（tests、open_actions 和 close_actions）准备 tests 的参数。

```
    tests = ('open -> gate',
             'close -> garage',
             'turn on -> air condition',
             'turn off -> heating',
             'increase -> boiler temperature -> 5 degrees',
             'decrease -> fridge temperature -> 2 degrees')

    open_actions = {'gate':gate.open,
                    'garage':garage.open,
                    'air condition':airco.turn_on,
                    'heating':heating.turn_on,
                    'boiler
temperature':boiler.increase_temperature,
                    'fridge
temperature':fridge.increase_temperature}
    close_actions = {'gate':gate.close,
                     'garage':garage.close,
                     'air condition':airco.turn_off,
                     'heating':heating.turn_off,
                     'boiler
temperature':boiler.decrease_temperature,
                     'fridge
temperature':fridge.decrease_temperature}
```

- 使用以下代码段执行 test 操作（main 函数的结尾部分）。

```
    for t in tests:
        if len(event.parseString(t)) == 2: # 无参数
            cmd, dev = event.parseString(t)
            cmd_str, dev_str = ' '.join(cmd), ' '.join(dev)
            if 'open' in cmd_str or 'turn on' in cmd_str:
                open_actions[dev_str]()
            elif 'close' in cmd_str or 'turn off' in cmd_str:
                close_actions[dev_str]()
        elif len(event.parseString(t)) == 3: # 参数
            cmd, dev, arg = event.parseString(t)
```

```
                  cmd_str, dev_str, arg_str = ' '.join(cmd), '
         '.join(dev), ' '.join(arg)
                  num_arg = 0
                  try:
                      num_arg = int(arg_str.split()[0]) # 提取数字部分
                  except ValueError as err:
                      print(f"expected number but got: '{arg_str[0]}'")
                  if 'increase' in cmd_str and num_arg > 0:
                      open_actions[dev_str](num_arg)
                  elif 'decrease' in cmd_str and num_arg > 0:
                      close_actions[dev_str](num_arg)
```

❑ 添加调用 main 函数的代码段。

```
    if __name__ == '__main__':
        main()
```

执行 python interpreter.py 命令，输出如下。

```
opening the gate
closing the garage
turning on the air condition
turning off the heating
increasing the boiler's temperature by 5 degrees
decreasing the fridge's temperature by 2 degrees
```

如果你想对这个示例进行更多的实验，我有一些建议。首先，交互性能提升它的趣味性。目前，所有事件都硬编码在测试元组中。但是，用户希望能够使用交互式对话框激活事件。不要忘记检查 pyparsing 对空格、制表符或意外输入的敏感度。例如，如果用户输入 off -> heating 37 会发生什么？

13.2 策略模式

大多数问题有多种解决方法。以排序问题为例，它按照特定顺序排列列表元素。

排序算法有很多，一般来说，没有一种算法被认为是适用于所有情况的最佳算法（j.mp/algocomp）。

挑选排序算法时，不同的案例有不同的标准。下面列出了一些应该考虑的事情。

❑ **需要排序的元素数量**：即输入大小。在输入量较小的情况下，几乎所有排序算法的性能都很好，但在输入量较大的情况下，只有少数排序算法的性能较好。

❑ **算法的最佳/平均/最坏时间复杂度**：时间复杂度大致上是算法完成所需的时间（不包括系数和低阶项）。这通常是选择算法最常用的标准，尽管它并不总是充分的。

❑ **算法的空间复杂度**：空间复杂度大致上是完全执行算法所需的物理内存量。当使用大数据或嵌入式系统时，这一点非常重要，因为它们的内存通常有限。

- ❑ **算法的稳定性**：算法执行后，如果值相等的元素的相对顺序保持不变，则认为算法是稳定的。
- ❑ **算法的代码复杂度**：如果两种算法具有相同的时间/空间复杂度并且都是稳定的，那么知道哪种算法更容易编写和维护是很重要的。

可以考虑的标准还有很多。重要的问题是，我们真的必须对所有情况使用单一排序算法吗？答案当然是否定的。更好的解决方案是使用所有可用的排序算法，并使用上述标准为当前情况选择最佳算法。这就是策略模式。

策略模式提倡使用多种算法来解决问题。它的杀手级特性是：在运行时透明地切换算法（客户端代码不知道这种变化）。所以，如果你有两种算法，且知道一种算法在较小的输入量下工作得更好，而另一种算法在较大的输入量下工作得更好，则可以使用策略模式在运行时根据数据输入决定使用哪种算法。

13.2.1　现实生活中的例子

赶飞机是现实生活中一个很好的策略示例。

- ❑ 如果我们想省钱且能够早出发，那么可以乘坐公共汽车或火车。
- ❑ 如果自己有车，并且不介意付停车费，那么可以开车。
- ❑ 如果我们没有车，但是赶时间，那么可以乘出租车。

在成本、时间、方便等条件之间存在权衡取舍。

在软件领域中，Python 的 `sort()` 和 `list.sort()` 函数是策略模式的示例。这两个函数都接受一个命名参数键，它基本上是实现排序策略的函数的名称。

13.2.2　用例

策略是一种具有多种用例的非常通用的设计模式。一般来说，当我们希望能够动态地、透明地应用不同的算法（指同一算法的不同实现）时，策略是最好的选择。这意味着结果应该完全相同，但是每个实现具有不同的性能和代码复杂性（例如，考虑顺序查找与二分查找）。

我们已经看到 Python 和 Java 如何使用策略模式来支持不同的排序算法。然而，策略并不局限于排序。它还可以用于创建各种不同的资源过滤器，如身份验证、日志记录、数据压缩、加密，等等（`j.mp/javaxfilter`）。

策略模式的另一种用法是创建不同的格式化表示，以实现可移植性（例如，平台之间的换行符差异）或动态更改数据的表示。

13

13.2.3 实现

策略模式的实现没有太多可讲。在函数不是一等公民的语言中，每种策略应该在不同的类中实现。维基百科在 j.mp/stratwiki 上展示了这一点。在 Python 中，我们可以将函数视为普通变量，这简化了策略的实现。

假设我们要实现一个算法来检查字符串中的所有字符是否唯一。例如，如果我们输入 dream 字符串，算法应该返回 true，因为没有一个字符是重复的。如果我们输入 pizza 字符串，它应该返回 false，因为字母 z 出现了两次。注意，重复的字符不需要是连续的，字符串也不需要是有效的单词。该算法还应该为 1r2a3ae 字符串返回 false，因为字母 a 出现了两次。

在仔细考虑了这个问题之后，我们提出了一种实现，它对字符串进行排序，并对所有字符成对地进行比较。首先，我们实现 pair() 函数，它返回一个序列 seq 的所有相邻对。

```python
def pairs(seq):
    n = len(seq)
    for i in range(n):
        yield seq[i], seq[(i + 1) % n]
```

接下来实现 allUniqueSort() 函数，该函数接受字符串 s。如果字符串中的所有字符都是唯一的，就返回 True；否则，返回 False。为了演示策略模式并简化示例，我们将假设该算法不能伸缩。假设它适用于长度不大于 5 个字符的字符串。对于较长的字符串，我们通过插入 sleep 语句来模拟减速。

```python
SLOW = 3                          # 休眠的秒数
LIMIT = 5                         # 最大字符长度
WARNING = 'too bad, you picked the slow algorithm :('
def allUniqueSort(s):
    if len(s) > LIMIT:
        print(WARNING)
        time.sleep(SLOW)
    srtStr = sorted(s)
    for (c1, c2) in pairs(srtStr):
        if c1 == c2:
            return False
    return True
```

我们对 allUniqueSort() 的性能不满意，正在设法改进它。过了一段时间，我们提出了一种新的算法 allUniqueSet()，它消除了排序的需要。在这种情况下，我们使用一个集合。如果接受检查的字符已经被插入到集合中了，则意味着字符串中并非所有字符都是唯一的。

```python
def allUniqueSet(s):
    if len(s) < LIMIT:
        print(WARNING)
        time.sleep(SLOW)
    return True if len(set(s)) == len(s) else False
```

不幸的是，虽然 allUniqueSet() 没有伸缩性问题，但出于某种奇怪的原因，在检查短字符串时，它的性能比 allUniqueSort() 差。在这种情况下我们能做什么？我们可以保留这两种算法并使用最合适的那个，这取决于要检查的字符串的长度。

allUnique() 函数接受输入字符串 s 和策略函数 strategy，后者是 allUniqueSort() 和 allUniqueSet() 之一。allUnique 函数的作用是：执行输入的策略并将结果返回给调用者。

然后，main() 函数让用户执行以下操作：

❑ 输入单词，以检查字符的唯一性；
❑ 选择使用的模式。

它还可以处理一些基本的错误，使用户能够优雅地退出。

```python
def main():
    while True:
        word = None
        while not word:
            word = input('Insert word (type quit to exit)> ')
            if word == 'quit':
                print('bye')
                return
            strategy_picked = None
            strategies = { '1': allUniqueSet, '2': allUniqueSort }
            while strategy_picked not in strategies.keys():
                strategy_picked = input('Choose strategy: [1] Use a set, [2] Sort and pair> ')
                try:
                    strategy = strategies[strategy_picked]
                    print(f'allUnique({word}): {allUnique(word, strategy)}')
                except KeyError as err:
                    print(f'Incorrect option: {strategy_picked}')
```

下面是完整的示例代码（strategy.py 文件）。

❑ 导入 time 模块。

```python
import time
```

❑ 定义 pairs() 函数。

```python
def pairs(seq):
    n = len(seq)
    for i in range(n):
        yield seq[i], seq[(i + 1) % n]
```

❑ 定义常量 SLOW、LIMIT 和 WARNING 的值。

```python
SLOW = 3                        # 休眠的秒数
LIMIT = 5                       # 最大字符长度
WARNING = 'too bad, you picked the slow algorithm :('
```

13

❑ 定义第一个算法的函数 allUniqueSort()。

```python
def allUniqueSort(s):
    if len(s) > LIMIT:
        print(WARNING)
        time.sleep(SLOW)
    srtStr = sorted(s)
    for (c1, c2) in pairs(srtStr):
        if c1 == c2:
            return False
    return True
```

❑ 定义第二个算法的函数 allUniqueSet()。

```python
def allUniqueSet(s):
    if len(s) < LIMIT:
        print(WARNING)
        time.sleep(SLOW)
    return True if len(set(s)) == len(s) else False
```

❑ 然后，定义 allUnique() 函数。它通过传递相应的策略函数来帮助调用所选的算法。

```python
def allUnique(word, strategy):
    return strategy(word)
```

❑ 现在，定义 main() 函数，并附上 Python 的脚本执行代码段。

```python
def main():
    while True:
        word = None
        while not word:
            word = input('Insert word (type quit to exit)> ')
            if word == 'quit':
                print('bye')
                return
            strategy_picked = None
            strategies = { '1': allUniqueSet, '2': allUniqueSort }
            while strategy_picked not in strategies.keys():
                strategy_picked = input('Choose strategy: [1] Use a
set, [2] Sort and pair> ')
                try:
                    strategy = strategies[strategy_picked]
                    print(f'allUnique({word}): {allUnique(word,
strategy)}')
                except KeyError as err:
                    print(f'Incorrect option: {strategy_picked}')
if __name__ == "__main__":
    main()
```

下面是执行 python strategy.py 命令时的示例输出。

```
Insert word (type quit to exit)> balloon
Choose strategy: [1] Use a set, [2] Sort and pair> 2
too bad, you picked the slow algorithm :(
allUnique(balloon): False
Insert word (type quit to exit)> bye
Choose strategy: [1] Use a set, [2] Sort and pair> 1
too bad, you picked the slow algorithm :(
allUnique(bye): True
Insert word (type quit to exit)> h
Choose strategy: [1] Use a set, [2] Sort and pair> 1
too bad, you picked the slow algorithm :(
allUnique(h): True
Insert word (type quit to exit)> h
Choose strategy: [1] Use a set, [2] Sort and pair> 2
allUnique(h): False
Insert word (type quit to exit)>
```

第一个单词 balloon 有 5 个以上的字符，而且并非所有字符都是唯一的。在这种情况下，两种算法都返回正确的结果 False，但是 allUniqueSort() 比较慢，并且会警告用户。

第二个单词 bye 少于 5 个字符，而且所有字符都是唯一的。同样，这两种算法都返回预期结果 True，但这一次 allUniqueSet() 较慢，并警告用户。

通常，不应该由用户来选择我们想使用的策略。策略模式的关键在于，它能够透明地使用不同的算法。更改代码，以选择更快的算法。

我们的代码通常有两类用户。一类是终端用户，他们不应该知道代码中发生了什么。为了实现这一点，我们可以遵循前面一段给出的提示。另一类可能的用户是其他开发人员。假设我们希望创建一个供其他开发人员使用的 API。我们如何让他们忽略策略模式？提示：考虑将这两个函数封装在一个公共类中，例如 allUnique。在这种情况下，其他开发人员只需要创建 allUnique 的实例并执行单个方法，例如 test()。这个方法需要实现哪些行为？

13.3 备忘录模式

在许多情况下，我们需要一种方法来轻松地获取对象的内部状态快照，以便在需要时使用它来恢复对象。在这种情况下，备忘录设计模式可以帮助我们实现解决方案。

备忘录设计模式有三个关键组成部分。

❑ **备忘录**：一个包含基本状态存储和检索能力的简单对象。
❑ **发起人**：一个获取和设置备忘录实例值的对象。
❑ **管理者**：一个可以存储和检索以前创建的所有备忘录实例的对象。

备忘录与命令模式有许多相似之处。

13

13.3.1   现实生活中的例子

在现实生活中有很多备忘录模式的例子。

一个例子是某种语言（例如，英语或法语）的词典。通过学术专家的工作，词典会定期更新，增加新词，淘汰旧词。口语和书面语在不断发展，官方词典也必须反映这一点。我们不时地回顾以前的版本，以了解该语言在过去的某个时候是如何使用的。我们需要备忘录，可能仅仅是因为信息在很长一段时间后会丢失，而要找这些信息，你需要查看旧版本。这对于理解某个特定领域的某些东西是有用的。做研究的人可以使用旧词典或去档案馆查找一些单词和短语的信息。

这个例子可以扩展到其他书面材料，如图书和报纸。

Zope 及其集成的**对象数据库 ZODB** 提供了备忘录模式的一个很好的软件示例。它以支持撤销的对象而闻名，**通过网络**向内容管理员（网站管理员）公开。ZODB 是 Python 的对象数据库，在 Pyramid 和 Plone 社区以及许多其他应用程序中被大量使用。

13.3.2   用例

备忘录通常用来为用户提供某种**撤销**和**恢复**功能。

另一种用法是实现一个带有**确认/取消**按钮的 UI 对话框。在这个对话框中，我们将在加载时存储对象的状态，而如果用户选择取消，我们将恢复对象的初始状态。

13.3.3   实现

我们将以一种简单、自然的方式使用 Python 语言来实现备忘录。这意味着不需要很多类。

我们将使用 Python 的 pickle 模块。pickle 有什么用？根据该模块的文档，pickle 可以将一个复杂的对象转换为一个字节流，还可以将字节流转换为一个具有相同内部结构的对象。

让我们以一个 Quote 类为例，它包含属性 text 和 author。为了创建备忘录，我们将在该类上使用 save_state()方法。顾名思义，它将使用 pickle.dumps()函数转储对象的状态。这就产生了一个备忘录。

```
class Quote:

    def __init__(self, text, author):
        self.text = text
        self.author = author

    def save_state(self):
        current_state = pickle.dumps(self.__dict__)
        return current_state
```

稍后可以恢复该状态。为此，我们添加 restore_state() 方法，并使用 pickle.loads() 函数。

```python
def restore_state(self, memento):
    previous_state = pickle.loads(memento)
    self.__dict__.clear()
    self.__dict__.update(previous_state)
```

同时，添加 __str__ 方法。

```python
def __str__(self):
    return f'{self.text} - By {self.author}.'
```

然后，在 main 函数中，可以照例处理一些事情并测试我们的实现。

```python
def main():
    print('Quote 1')
    q1 = Quote("A room without books is like a body without a soul.",
               'Unknown author')
    print(f'\nOriginal version:\n{q1}')
    q1_mem = q1.save_state()

    q1.author = 'Marcus Tullius Cicero'
    print(f'\nWe found the author, and did an updated:\n{q1}')

    q1.restore_state(q1_mem)
    print(f'\nWe had to restore the previous version:\n{q1}')

    print()
    print('Quote 2')
    q2 = Quote("To be you in a world that is constantly trying to make you
be something else is the greatest accomplishment.",
               'Ralph Waldo Emerson')
    print(f'\nOriginal version:\n{q2}')
    q2_mem1 = q2.save_state()

    q2.text = "To be yourself in a world that is constantly trying to make
you something else is the greatest accomplishment."
    print(f'\nWe fixed the text:\n{q2}')
    q2_mem2 = q2.save_state()
    q2.text = "To be yourself when the world is constantly trying to make
you something else is the greatest accomplishment."
    print(f'\nWe fixed the text again:\n{q2}')
    q2.restore_state(q2_mem2)
    print(f'\nWe had to restore the 2nd version, the correct one:\n{q2}')
```

下面是示例的完整代码（memento.py 文件）。

❑ 导入 pickle 模块。

```python
import pickle
```

❑ 定义 Quote 类。

```python
class Quote:

    def __init__(self, text, author):
        self.text = text
        self.author = author

    def save_state(self):
        current_state = pickle.dumps(self.__dict__)
        return current_state

    def restore_state(self, memento):
        previous_state = pickle.loads(memento)
        self.__dict__.clear()
        self.__dict__.update(previous_state)

    def __str__(self):
        return f'{self.text} - By {self.author}.'
```

❑ 下面是 main() 函数。

```python
def main():
    print('Quote 1')
    q1 = Quote("A room without books is like a body without a
soul.",
                'Unknown author')
    print(f'\nOriginal version:\n{q1}')
    q1_mem = q1.save_state()

    # 现在我们找到了作者的姓名
    q1.author = 'Marcus Tullius Cicero'
    print(f'\nWe found the author, and did an updated:\n{q1}')

    # 恢复之前的状态（撤销）
    q1.restore_state(q1_mem)
    print(f'\nWe had to restore the previous version:\n{q1}')

    print()
    print('Quote 2')
    q2 = Quote("To be you in a world that is constantly trying to
make you be something else is the greatest accomplishment.",
                'Ralph Waldo Emerson')
    print(f'\nOriginal version:\n{q2}')
    q2_mem1 = q2.save_state()

    # 改变文本内容
    q2.text = "To be yourself in a world that is constantly trying
to make you something else is the greatest accomplishment."
    print(f'\nWe fixed the text:\n{q2}')
    q2_mem2 = q2.save_state()
    q2.text = "To be yourself when the world is constantly trying
to make you something else is the greatest accomplishment."
    print(f'\nWe fixed the text again:\n{q2}')
```

```
    # 恢复之前的状态（撤销）
    q2.restore_state(q2_mem2)
    print(f'\nWe had to restore the 2nd version, the correct
one:\n{q2}')
```

❏ 不要忘记脚本执行代码段。

```
    if __name__ == "__main__":
        main()
```

下面是执行 `python memento.py` 命令时的示例输出。

```
Quote 1

Original version:
A room without books is like a body without a soul. - By Unknown author.

We found the author, and did an updated:
A room without books is like a body without a soul. - By Marcus Tullius Cicero.

We had to restore the previous version:
A room without books is like a body without a soul. - By Unknown author.

Quote 2

Original version:
To be you in a world that is constantly trying to make you be something else is the greatest accomplishment. - By Ralph Waldo Emerson.

We fixed the text:
To be yourself in a world that is constantly trying to make you something else is the greatest accomplishment. - By Ralph Waldo Emerson.

We fixed the text again:
To be yourself when the world is constantly trying to make you something else is the greatest accomplishment. - By Ralph Waldo Emerson.

We had to restore the 2nd version, the correct one:
To be yourself in a world that is constantly trying to make you something else is the greatest accomplishment. - By Ralph Waldo Emerson.
```

输出表明程序已经完成了预期的操作：我们可以为每个 `Quote` 对象恢复之前的状态。

13.4　迭代器模式

在编程中，特别是在算法和操作数据的程序中，我们经常使用对象的序列或集合。它们也常用于自动化脚本、API、数据驱动应用程序和其他领域。本节将介绍一个在处理对象集合时非常有用的模式：迭代器模式。

注意维基百科给出的定义：

　　"迭代器是一种设计模式，其中迭代器用于遍历容器并访问容器的元素。迭代器模式将算法与容器解耦。在某些情况下，算法必须是特定于容器的，因此不能解耦。"

迭代器模式在 Python 上下文中广泛使用。正如我们将看到的，因为如此受欢迎，迭代器已变成一种语言特性。它非常有用，以至于语言开发人员决定将其作为一个特性。

13

13.4.1　现实生活中的例子

当你有一堆东西的时候，你需要一个个取出来以遍历该集合，这就是迭代器模式的一个例子。

所以，生活中有很多例子，例如：

- 在教室里，老师给每个学生发课本；
- 餐馆服务员在一张桌子旁为客人服务，并为每个人点菜。

在软件领域中呢?

正如我们所说的，迭代已经成为 Python 的一个特性。我们有可迭代对象和迭代器。**容器或序列**类型（**列表、元组、字符串、字典、集合**等）是可迭代的，这意味着我们可以遍历它们。当你使用 for 或 while 循环来遍历这些对象并访问它们的成员时，将自动为你完成迭代。

但是，我们并不局限于这种情况。Python 还有内置的 iter() 函数，它用于将任何对象转换成迭代器。

13.4.2　用例

当你需要以下一种或几种行为时，最好使用迭代器模式：

- 简化集合中的导航操作；
- 在任意点获取集合中的下一个对象；
- 在完成对集合的遍历后停止。

13.4.3　实现

Python 已经在 for 循环、列表等语法中为我们实现了迭代器。Python 中的迭代器仅仅是一个可以迭代、能够返回数据（一次只返回一个元素）的对象。

我们可以使用迭代器协议为特殊情况定制自己的实现，这意味着迭代器对象必须实现两个特殊方法：__iter__() 和__next__()。

如果我们能从一个对象中得到一个迭代器，那么这个对象就叫作**可迭代对象**。Python 中的大多数内置容器（列表、元组、集合、字符串等）都是可迭代对象，并通过 iter() 函数（它反过来调用__iter__()方法）返回一个迭代器。

让我们考虑一个足球队，我们想在 FootballTeam 类的帮助下实现它。如果想从中创建一个迭代器，必须实现迭代器协议，因为它不是像**列表**类型那样的内置容器类型。基本上，除非将内置的 iter() 和 next() 函数添加到实现中，否则它们不会正常运作。

首先，我们定义迭代器 FootballTeamIterator 的类，该类将用于遍历足球队对象。members 属性允许我们使用容器对象（一个 FootballTeam 实例）初始化迭代器对象。

```
class FootballTeamIterator:

    def __init__(self, members):
```

```
    self.members = members
    self.index = 0
```

我们向它添加一个__iter__()方法,它将返回对象本身,并添加一个__next__()方法,在每次调用时返回团队中的下一个人,到最后一个人为止。这将允许我们通过迭代器对足球队成员进行遍历。

```
def __iter__(self):
    return self
def __next__(self):
    if self.index < len(self.members):
        val = self.members[self.index]
        self.index += 1
        return val
    else:
        raise StopIteration()
```

现在,对于 FootballTeam 类本身,添加一个__iter__()方法,它将初始化需要的迭代器对象(因此使用 FootballTeamIterator(self.members)),并返回它。

```
class FootballTeam:
    def __init__(self, members):
        self.members = members
    def __iter__(self):
        return FootballTeamIterator(self.members)
```

我们添加了一个简短的 main 函数来测试我们的实现。一旦有了 FootballTeam 实例,就调用 iter()函数来创建迭代器,并使用 while 循环遍历它。

```
def main():
    members = [f'player{str(x)}' for x in range(1, 23)]
    members = members + ['coach1', 'coach2', 'coach3']
    team = FootballTeam(members)
    team_it = iter(team)

    while True:
        print(next(team_it))
```

下面是示例的完整代码(iterator.py 文件)。

❑ 定义迭代器类。

```
class FootballTeamIterator:

    def __init__(self, members):
        self.members = members          # 足球运动员与工作人员的名单列表
staff
        self.index = 0
    def __iter__(self):
        return self
    def __next__(self):
        if self.index < len(self.members):
            val = self.members[self.index]
```

13

```
                    self.index += 1
                    return val
            else:
                raise StopIteration()
```

❑ 定义容器类。

```
class FootballTeam:
    def __init__(self, members):
        self.members = members
    def __iter__(self):
        return FootballTeamIterator(self.members)
```

❑ 定义 main 函数，并使用常用的代码段调用它。

```
def main():
    members = [f'player{str(x)}' for x in range(1, 23)]
    members = members + ['coach1', 'coach2', 'coach3']
    team = FootballTeam(members)
    team_it = iter(team)

    while True:
        print(next(team_it))
if __name__ == '__main__':
    main()
```

下面是执行 python iterator.py 时得到的输出。

```
player1
player2
player3
player4
player5
player6
player7
player8
player9
player10
player11
player12
player13
player14
player15
player16
player17
player18
player19
player20
player21
player22
coach1
coach2
coach3
Traceback (most recent call last):
  File "iterator.py", line 39, in <module>
    main()
  File "iterator.py", line 35, in main
    print(next(team_it))
  File "iterator.py", line 16, in __next__
    raise StopIteration()
StopIteration
```

我们得到了预期的输出，并在迭代结束时发现异常。

13.5 模板模式

编写好代码的诀窍是避免冗余。在**面向对象编程**中，方法和函数是避免编写冗余代码的重要工具。

还记得我们在讨论策略模式时看到的 sorted() 示例吗？sorted() 函数足够通用。它可以对使用任意键的多个数据结构（列表、元组和命名元组）进行排序。这就是一个好函数。

sorted() 等函数展示了理想的情况。实际上，我们不可能总是编写 100%通用的代码。

在现实世界中，我们经常会在编写处理算法的代码的过程中产生冗余代码。这就是模板设计模式所解决的问题。此模式侧重于消除代码冗余，其思想是我们应该能够在不改变算法结构的情况下，重新定义算法的某些部分。

13.5.1 现实生活中的例子

工人（特别是对于同一家公司的工人来说）的日常工作非常接近于模板设计模式。所有的工人都或多或少地遵循相同的日程，但日程的各个部分有很大不同。

在软件领域，Python 使用 cmd 模块中的模板模式来构建面向行的命令解释器。具体来说，cmd.Cmd.cmdloop() 实现了一种算法，能够连续读取输入命令并将它们分派给执行方法。在循环前后以及在命令解析部分所做的操作总是相同的。这也被称为算法的不变部分。真正发生变化的是实际操作方法（变动部分）。

另一个软件示例，Python 模块 asyncore（用于实现支持异步套接字服务的客户端/服务器）也使用模板。诸如 asyncore.dispather.handle_connect_event() 和 asyncore.dispather.handle_write_event() 等方法只包含通用代码。为了执行特定于套接字的代码，它们执行 handle_connect() 方法。注意，所执行的是特定套接字的 handle_connect()，而不是 asyncore.dispatcher.handle_connect()，后者实际上只包含一个警告。我们可以通过使用 inspect 模块观察到。

```
>>> python
import inspect
import asyncore
inspect.getsource(asyncore.dispatcher.handle_connect)
"    def handle_connect(self):n        self.log_info('unhandled connect
event', 'warning')n"
```

13.5.2 用例

模板设计模式侧重于消除代码重复。如果我们注意到在具有结构相似性的算法中有可重复的代码，那么可以在模板方法/函数中保留算法的不变（公共）部分，并将变化的（不同的）部分

13

移动到 action/hook 方法/函数中。

分页是使用模板的一个很好的用例。分页算法可以分为抽象（不变）部分和具体（可变）部分。抽象部分处理诸如行/页的最大数量之类的事情。具体部分包含显示已分页的特定页面的页眉和页脚的功能。

所有应用程序框架都使用某种形式的模板模式。当我们使用框架创建图形应用程序时，通常继承一个类并实现自定义行为。然而，在此之前，我们通常调用一个模板方法来实现应用程序中始终相同的部分，即绘制屏幕、处理事件循环、调整窗口大小和居中窗口，等等。

13.5.3   实现

在本例中，我们将实现一个横幅广告生成器。这个想法相当简单。我们希望向一个函数发送一些文本，该函数应该生成一个包含文本的横幅广告。横幅广告有一些样式，例如围绕文本的点或线。横幅广告生成器有一个默认的样式，但是我们应该能够提供自己的样式。

generate_banner() 是我们的模板函数。它接受文本（msg）和样式（style）作为输入，这些文本与样式是我们希望横幅广告包含与使用的。函数的作用是：使用一个简单的页眉和页脚来包装样式文本。实际上，页眉和页脚可能要复杂得多，但没有什么能阻止我们调用可以生成页眉和页脚的函数，而不仅仅是打印简单的字符串。

```
def generate_banner(msg, style):
    print('-- start of banner --')
    print(style(msg))
    print('-- end of banner --nn')
```

dots_style() 函数的作用是将 msg 大写，并在其前后打印 10 个点。

```
def dots_style(msg):
    msg = msg.capitalize()
    msg = '.' * 10 + msg + '.' * 10
    return msg
```

该生成器支持的另一种样式是 admire_style()。这种样式以大写形式显示文本，并在文本的每个字符之间加上感叹号。

```
def admire_style(msg):
    msg = msg.upper()
    return '!'.join(msg)
```

下一个样式是我目前为止最喜欢的。cow_style() 样式执行 cowpy 的 milk_random_cow() 方法，该方法用于在每次执行 cow_style() 时生成随机 ASCII 艺术字符。如果系统上还没有安装 cowpy，可以使用 pip install cowpy 命令来安装它。

cow_style() 函数如下：

```
def cow_style(msg):
    msg = cow.milk_random_cow(msg)
    return msg
```

main()函数将文本 happy coding 发送到横幅广告，并使用所有可用的样式将其打印到标准输出。

```
def main():
    msg = 'happy coding'
    [generate_banner(msg, style) for style in (dots_style, admire_style,
    cow_style)]
```

下面是示例的完整代码（template.py 文件）。

❑ 从 cowpy 导入 cow 函数。

```
from cowpy import cow
```

❑ 定义 generate_banner()函数。

```
def generate_banner(msg, style):
    print('-- start of banner --')
    print(style(msg))
    print('-- end of banner --nn')
```

❑ 定义 dots_style()函数。

```
def dots_style(msg):
    msg = msg.capitalize()
    msg = '.' * 10 + msg + '.' * 10
    return msg
```

❑ 定义 admire_style()函数。

```
def admire_style(msg):
    msg = msg.upper()
    return '!'.join(msg)
```

❑ 定义最后一个样式函数 cow_style()。

```
def cow_style(msg):
    msg = cow.milk_random_cow(msg)
    return msg
```

❑ 最后，定义 main()函数，并用常用的代码段调用它。

```
def main():
    styles = (dots_style, admire_style, cow_style)
    msg = 'happy coding'
    [generate_banner(msg, style) for style in styles]
if __name__ == "__main__":
    main()
```

13

让我们执行 `python template.py` 以观察如下示例输出。由于 `cowpy` 的随机性，你的 `cow_style()` 输出可能会有所不同。

你喜欢 `cowpy` 的艺术风格吗？当然喜欢。作为练习，你可以创建自己的样式并将其添加到横幅广告生成器中。

另一个好的练习是尝试实现你自己的模板示例。找到你编写的一些现有冗余代码，看看模板模式是否适用。

13.6 小结

本章讨论了解释器、策略、备忘录、迭代器和模板设计模式。

解释器模式用于向高级用户和领域专家提供类似于编程的框架，但不暴露编程语言的复杂性。这是通过实现 DSL 来完成的。

DSL 是一种表达能力有限的计算机语言，其专注于特定的领域。DSL 有两类：内部 DSL 和外部 DSL。内部 DSL 构建在宿主编程语言之上并依赖于它，而外部 DSL 是从头实现的，不依赖于现有编程语言。解释器只与内部 DSL 相关。

乐谱是非软件 DSL 的一个例子。音乐家就像一个解释器，用乐谱来创作音乐。从软件的角度来看，许多 Python 模板引擎使用内部 DSL。PyT 是用于生成(X)HTML 的高性能 Python DSL。

虽然解析通常不是由解释器模式处理的，但是在实现部分，我们使用 Pyparser 创建了一个控制智能房屋的 DSL，并且发现使用一个好的解析工具可以简化使用模式匹配来解释结果的过程。

然后，本章介绍了策略设计模式。当希望能够透明地对同一个问题使用多个解决方案时，通常会使用策略模式。对于所有的输入数据和所有的情况都没有完美的算法，而通过使用策略，我们可以动态地决定在每种情况下使用哪种算法。

排序、加密、压缩、日志记录和其他处理资源的领域，使用策略来提供不同的数据过滤方法。策略适用的其他领域还有增强可移植性和模拟。

我们了解了 Python 如何借助头等函数，通过实现两种不同的算法来检查一个单词中的所有字符是否唯一，从而简化了策略的实现。

本章接下来介绍了备忘录模式，它用于在需要时存储对象的状态。备忘录在为用户实现某种撤销功能时提供了一种有效的解决方案。另一种用法是实现带有**确定/取消**按钮的 UI 对话框，如果用户选择取消，我们将恢复对象的初始状态。

我们通过示例了解了如何在恢复数据对象以前状态的实现中，使用简化形式的备忘录，并使用标准库中的 pickle 模块。

迭代器模式提供了一种很好的、有效的方法来遍历对象的序列和集合。在现实生活中，当你有一个集合，并且正在一个接一个地访问集合内的元素时，你就是在使用某种迭代器模式。

在 Python 中，迭代器是一种语言特性。我们可以在诸如列表和字典之类的内置容器（迭代器）上立即使用它，还可以定义新的可迭代对象和迭代器类（通过使用 Python 迭代器协议）来解决问题。我们在实现足球队的例子中看到了这一点。

最后，本章讨论了模板模式。在实现具有结构相似性的算法时，我们使用模板来消除冗余代码。

我们看到了工人的日常工作与模板模式的相似性，还提到了 Python 在其库中使用模板的两个示例，以及使用模板的一般用例。

最后，我们实现了一个横幅广告生成器，它使用模板函数实现自定义文本样式。

在下一章中，我们将介绍响应式编程中的观察者模式。

第 14 章

响应式编程中的观察者模式

上一章讨论了最后四个行为型模式，这也标志着"四人组"在书中提出的模式已经介绍完毕。

在到目前为止讨论过的模式中，有一种模式对本章而言特别有趣：**观察者**模式（第 11 章中讨论过），它用于在给定对象的状态发生变化时通知一个对象或一组对象。这种类型的传统观察者应用发布–订阅原则，允许我们对一些对象更改事件做出反应。它为许多情况提供了一个很好的解决方案，但是当我们必须处理许多事件并且其中一些事件相互依赖时，传统的方法可能会导致复杂的、难以维护的代码。此时，另一种称为**响应式编程**的范例为我们提供了一个有趣的选择。简单地说，响应式编程对许多事件、**事件流**做出反应，同时保持代码整洁。

本章将重点介绍一个名为 ReactiveX 的框架，它是响应式编程中的一员。ReactiveX 中的核心实例被称为 Observable（可观察对象）。正如我们在官网上看到的，ReactiveX 被定义为用于操作**可观察流的异步编程 API**。除此之外，本章也涉及了观察者。

你可以将 Observable 看作可以向观察者推送或发出数据的流。它也可以发出事件。

下面的两句话来自文档，给出了 Observable 的定义：

"Observable 是 ReactiveX 中的核心类型。它通过一系列的操作符，连续地推出被称为 emission（发射物）的对象，直到它最终到达一个观察者，并被其消费。"

"基于推（而不是基于拉）的迭代为更快地表达代码和提高并发性提供了新的可能。由于 Observable 将事件与数据视为一体，因此没有必要再将两者组合在一起。"

本章将讨论：

❑ 现实生活中的例子
❑ 用例
❑ 实现

14.1 现实生活中的例子

在现实生活中，Observable 就如同一股聚集在某个地方的水流。

软件领域中有很多例子。

- ❏ 基于电子表格应用程序的内部行为，可以将其视为响应式编程的一个示例。在几乎所有电子表格应用程序中，交互式地更改工作表中的任何一个单元格将导致立即重新评估（直接或间接依赖于该单元格的）所有公式，并更新显示以反映这些重新评估。
- ❏ ReactiveX 概念有多种语言的实现，包括 Java（RxJava）、Python（RxPY）和 JavaScript（RxJS）。
- ❏ Angular 框架使用 RxJS 来实现观察者模式。

14.1.1 用例

一个用例是 Martin Fowler 在他的博客上讨论的**集合管道**的思想：

　　"集合管道是一种编程模式，在这种模式中，你将一些计算组织为一系列操作，这些操作将收集一个操作的输出，并将其输入到下一个操作中。"

在处理数据时，我们可以使用一个 Observable 来对象序列进行 map（映射）、reduce（规约）或 groupby（聚合）等操作。

我们可以为按钮事件、请求和 RSS 或 Twitter 信息流等各种功能创建 Observable。

14.1.2 实现

这里我们不构建一个完整的实现，而是探讨不同的可能性，并观察如何使用它们。

首先，使用 `pip install rx` 命令在 Python 环境中安装 RxPY。

1. 第一个例子

首先，让我们以 RxPY 文档中的示例为例，编写一个更有趣的变体。我们将观察一个流，它基于 Tim Peters 提出的 **Python 之禅**构建。

通常，你可以在 Python 控制台中使用 `import this` 来查看这段引用，如下面的控制台截图所示。

```
>>> import this
```

```
>>> import this
The Zen of Python, by Tim Peters

Beautiful is better than ugly.
Explicit is better than implicit.
Simple is better than complex.
Complex is better than complicated.
Flat is better than nested.
Sparse is better than dense.
Readability counts.
Special cases aren't special enough to break the rules.
Although practicality beats purity.
Errors should never pass silently.
Unless explicitly silenced.
In the face of ambiguity, refuse the temptation to guess.
There should be one-- and preferably only one --obvious way to do it.
Although that way may not be obvious at first unless you're Dutch.
Now is better than never.
Although never is often better than *right* now.
If the implementation is hard to explain, it's a bad idea.
If the implementation is easy to explain, it may be a good idea.
Namespaces are one honking great idea -- let's do more of those!
```

然后，问题是如何从 Python 程序中获取引用的列表。搜索一下，你就会在 Stack Overflow 上发现答案。大致上，你可以将 import this 语句的结果重定向到 io.StringIO 实例，然后访问它并使用 print() 打印。

```
import contextlib, io
zen = io.StringIO()
with contextlib.redirect_stdout(zen):
    import this
print(zen.getvalue())
```

现在，要真正开始使用示例代码（在 rx_example1.py 文件中），需要从 rx 模块导入 Observable 类和 Observer 类。

```
from rx import Observable, Observer
```

接下来，我们创建一个函数 get_quotes()，使用 contextlib.redirect_stdout() 技巧和前面代码的修改版来获取和返回引用。

```
def get_quotes():
    import contextlib, io
    zen = io.StringIO()
    with contextlib.redirect_stdout(zen):
        import this

    quotes = zen.getvalue().split('\n')[1:]
    return quotes
```

这就完成了！现在，我们想从得到的引用列表中创建一个 Observable。可以执行如下操作。

(1) 定义一个向 Observer 提交数据项的函数。

14

(2) 使用 Observable.create() 工厂，并将该函数传递给它，以设置数据源或数据流。

(3) 用 Observer 订阅源。

Observer 类本身有三种方法用于这种类型的通信：

❑ on_next() 用于传递项目；

❑ on_completed() 会提示没有更多项目；

❑ on_error() 发出错误信号。

让我们创建一个 push_quotes() 函数，它接受一个 Observer 对象 obs 作为输入，使用引用的序列和 on_next() 发送每个引用，并使用 on_completed() 在发送最后一个引用之后发送结束信号。其功能如下：

```
def push_quotes(obs):

    quotes = get_quotes()
    for q in quotes:
        if q:  # 跳过空字符串
            obs.on_next(q)
    obs.on_completed()
```

 这段代码与**迭代器**模式类似。在 **Python 迭代器**中，next(iterator) 将提供迭代中的下一个元素。

我们使用 Observer 基类的子类来实现要使用的观察者。

```
class ZenQuotesObserver(Observer):

    def on_next(self, value):
        print(f"Received: {value}")

    def on_completed(self):
        print("Done!")

    def on_error(self, error):
        print(f"Error Occurred: {error}")
```

接下来，定义**要观测的源**。

```
source = Observable.create(push_quotes)
```

最后，定义对 **Observable** 的订阅。如果没有订阅，就什么都不会发生。

```
source.subscribe(ZenQuotesObserver())
```

现在我们已经准备好查看代码的结果。下面是我们在执行 python rx_example1.py 时得到的结果。

```
Received: Beautiful is better than ugly.
Received: Explicit is better than implicit.
Received: Simple is better than complex.
Received: Complex is better than complicated.
Received: Flat is better than nested.
Received: Sparse is better than dense.
Received: Readability counts.
Received: Special cases aren't special enough to break the rules.
Received: Although practicality beats purity.
Received: Errors should never pass silently.
Received: Unless explicitly silenced.
Received: In the face of ambiguity, refuse the temptation to guess.
Received: There should be one-- and preferably only one --obvious way to do it.
Received: Although that way may not be obvious at first unless you're Dutch.
Received: Now is better than never.
Received: Although never is often better than *right* now.
Received: If the implementation is hard to explain, it's a bad idea.
Received: If the implementation is easy to explain, it may be a good idea.
Received: Namespaces are one honking great idea -- let's do more of those!
Done!
```

2. 第二个例子

让我们看看编写代码的另一种方法（在 rx_example2.py 文件中），这种方法能获得与第一个示例类似的结果。

我们使用 `get_quotes()` 函数返回序列的枚举，它使用了 Python 内置的 `enumerate()` 函数。

```
def get_quotes():
    import contextlib, io
    zen = io.StringIO()
    with contextlib.redirect_stdout(zen):
        import this

    quotes = zen.getvalue().split('\n')[1:]
    return enumerate(quotes)
```

可以调用该函数并将其结果存储在变量 zen_quotes 中。

```
zen_quotes = get_quotes()
```

我们使用特殊的 `Observable.from_()` 函数和序列上的 `filter()` 等链式操作来创建 Observable，最后使用 `subscribe()` 来订阅 Observable。

 为获取所有可能的 Observable 运算符，请参考http://reactivex.io/documentation/operators/interval.html。

最后一个代码段如下所示：

```
Observable.from_(zen_quotes) \
    .filter(lambda q: len(q[1]) > 0) \
    .subscribe(lambda value: print(f"Received: {value[0]} - {value[1]}"))
```

14

执行 `python rx_example2.py` 的输出如下。

```
Received: 1 - Beautiful is better than ugly.
Received: 2 - Explicit is better than implicit.
Received: 3 - Simple is better than complex.
Received: 4 - Complex is better than complicated.
Received: 5 - Flat is better than nested.
Received: 6 - Sparse is better than dense.
Received: 7 - Readability counts.
Received: 8 - Special cases aren't special enough to break the rules.
Received: 9 - Although practicality beats purity.
Received: 10 - Errors should never pass silently.
Received: 11 - Unless explicitly silenced.
Received: 12 - In the face of ambiguity, refuse the temptation to guess.
Received: 13 - There should be one-- and preferably only one --obvious way to do it.
Received: 14 - Although that way may not be obvious at first unless you're Dutch.
Received: 15 - Now is better than never.
Received: 16 - Although never is often better than *right* now.
Received: 17 - If the implementation is hard to explain, it's a bad idea.
Received: 18 - If the implementation is easy to explain, it may be a good idea.
Received: 19 - Namespaces are one honking great idea -- let's do more of those!
```

3. 第三个例子

让我们观察一个类似的例子（在 **rx_example3.py** 中）。我们使用一系列 `flat_map()`、`filter()` 和 `map()` 操作，对 Observable（使用相同的 `get_quotes()` 函数创建的引用流）做出响应。

与前一个示例的主要不同之处在于，我们对项目流进行了规划，并使用 `Observable.interval()` 函数，使其每 5 秒（**间隔**）发送一个新项。此外，我们使用 `flat_map()` 方法将每个 emission 映射到一个 Observable（例如 `Observable.from_(zen_quotes)`），并将它们的 emission 合并到单个 Observable 中。

下面是主体部分的代码：

```
Observable.interval(5000) \
    .flat_map(lambda seq: Observable.from_(zen_quotes)) \
    .flat_map(lambda q: Observable.from_(q[1].split())) \
    .filter(lambda s: len(s) > 2) \
    .map(lambda s: s.replace('.', '').replace(',', '').replace('!',
'').replace('-', '')) \
    .map(lambda s: s.lower()) \
    .subscribe(lambda value: print(f"Received: {value}"))
```

> ℹ️ 根据文档，Interval 运算符返回一个 Observable。该 Observable 发出一个无限递增的整数序列。该序列的时间间隔是常量，你可以在多个 emission 之间进行选择。注意：可以使用 `Observable.interval(1000)` 将项目的推送时间间隔设置为 1 秒。

我们还使用 `input()` 函数在末尾添加了以下行，以确保在用户需要时可以停止执行。

```
input("Starting... Press any key to quit\n")
```

让我们使用 `python rx_example3.py` 命令来执行这个示例。每 5 秒，我们就会在控制台中看到新的项。在本例中，这些项是来自引用的单词，至少包含三个字符，从标点符号字符中剥离出来，并转换为小写。输出如下。

同样，另一个输出截图如下。

在本例中，由于单词数量不大，它相对比较快，但是你可以通过键入任何字符（后跟 Ctrl 键）退出程序，并重新运行它，以更好地了解发生了什么。

14

4. 第四个例子

让我们构建一个人员列表流，并在此基础上创建一个 Observable。

另一个技巧：为了帮助你处理数据源，我们将使用一个名为 **Faker** 的第三方模块来生成人员的姓名。

你可以使用 `pip install Faker` 命令安装 Faker 模块。

在 **peoplelist.py** 文件中有以下代码，其中 `populate()` 函数利用一个 Faker 实例生成虚拟人物的姓和名。

```
from faker import Faker
fake = Faker()

def populate():

    persons = []
    for _ in range(0, 20):
        p = {'firstname': fake.first_name(), 'lastname': fake.last_name()}
        persons.append(p)

    return iter(persons)
```

对于程序的主要部分，我们在生成的列表中写入人名，详见 people.txt 文本文件。

```
if __name__ == '__main__':
    new_persons = populate()

    new_data = [f"{p['firstname']} {p['lastname']}" for p in new_persons]
    new_data = ", ".join(new_data) + ", "

    with open('people.txt', 'a') as f:
        f.write(new_data)
```

在继续之前，让我们先停下来制定策略！以渐进的方式做事似乎是一个好主意，因为有很多新概念和新技术正在流行。因此，我们将首先实现 Observable，然后扩展它。

让我们在 **fx_peoplelist_1.py** 文件中编写代码的第一个版本。

首先，定义一个函数 `firstnames_from_db()`，它阅读文本文件（包含许多名字）的内容，并返回一个 Observable；使用 `flat_map()`、`filter()` 和 `map()` 方法进行转换（正如我们已经看到的）；使用名为 `group_by()` 的新操作从另一个序列中发送项目（文本文件中的名字）及其出现频数。

```
from rx import Observable

def firstnames_from_db(file_name):
    file = open(file_name)
```

```
# 收集并推出存储的名字
return Observable.from_(file) \
    .flat_map(lambda content: content.split(', ')) \
    .filter(lambda name: name!='') \
    .map(lambda name: name.split()[0]) \
    .group_by(lambda firstname: firstname) \
    .flat_map(lambda grp: grp.count().map(lambda ct: (grp.key, ct)))
```

然后定义一个 Observable，如前面的例子所示。它每 5 秒发出一次数据，并在将 db_file 设置为 people.txt 之后，将它的 emission 与 firstnames_from_db(db_file) 返回的数据合并。

```
db_file = "people.txt"

# 每 5 秒发送一次数据
Observable.interval(5000) \
    .flat_map(lambda i: firstnames_from_db(db_file)) \
    .subscribe(lambda value: print(str(value)))

input("Starting... Press any key to quit\n")
```

现在，让我们看看在执行这两个程序（peoplelist.py 和 rx_peoplelist_1.py）时会发生什么。

在一个命令行窗口或终端中，通过执行 python peoplelist.py 生成人员的姓名。people.txt 文件在创建时包含一些用逗号分隔的名字。每次运行该命令时，都会向文件中添加一组新的名字。

在第二个命令行窗口中，可以通过 python rx_peoplelist_1.py 命令，运行实现了 Observable 的程序的第一个版本，并得到一个类似如下的输出。

```
('Jerome', 1)
('Morgan', 1)
('Andrea', 1)
('Dylan', 1)
('Eric', 2)
('Erika', 1)
('Caleb', 1)
('Jerry', 1)
('Kaylee', 1)
('Laura', 1)
('Zachary', 1)
('Jay', 1)
('Jennifer', 1)
('Janet', 1)
('Stacy', 1)
('Dennis', 3)
('Cindy', 1)
('Mark', 1)
('Olivia', 1)
('Rebekah', 1)
('Taylor', 1)
('Samantha', 1)
('Evelyn', 1)
('Teresa', 1)
('Cynthia', 1)
('Lorraine', 1)
('Melissa', 1)
('Eddie', 1)
('Victor', 1)
('Jim', 1)
```

14

通过多次重新执行第一个命令并监视第二个窗口中发生的事情，我们可以看到 people.txt 文件被连续读取以提取全名，从中获取名字，并进行所需的转换，以推出由名字组成的项，以及其出现频数。

　名字的分组操作使用 Observable 类的 group_by() 方法完成。

为了改进代码，我们将尽量只列出出现次数不小于 4 的名字。在 rx_peoplelist_2.py 文件中，我们需要另一个函数来返回一个 Observable，并过滤它。我们将该函数命名为 frequency_firstnames_from_db()。与在第一个版本中使用的函数相比，我们必须使用 filter() 操作符来只保留出现次数（ct）大于 3 的名字组。如果你再次检查代码，基于所获得的组，并使用 **Lambda** 函数 lambda grp: grp.count().map(lambda ct: (grp.key, ct))（由 flat_map() 运算符发送），我们将得到一个元组，其中组的键作为第一个元素，频数作为第二个元素。因此，在这个函数中接下来要做的是使用 .filter(lambda name_and_ct: name_and_ct[1] > 3) 进行进一步过滤，以只获得当前至少出现 4 次的名字。

下面是这个新函数的代码：

```
def frequent_firstnames_from_db(file_name):
    file = open(file_name)

    # 只收集并推出经常出现的名字
    return Observable.from_(file) \
        .flat_map(lambda content: content.split(', ')) \
        .filter(lambda name: name!='') \
        .map(lambda name: name.split()[0]) \
        .group_by(lambda firstname: firstname) \
        .flat_map(lambda grp: grp.count().map(lambda ct: (grp.key, ct))) \
        .filter(lambda name_and_ct: name_and_ct[1] > 3)
```

对于 interval（间隔）Observable，我们添加了几乎相同的代码。我们只是相应地更改引用函数的名称。最后一段新代码如下（可以在 rx_peoplelist_2.py 文件中看到）：

```
# 每 5 秒发送一次数据
Observable.interval(5000) \
    .flat_map(lambda i: frequent_firstnames_from_db(db_file)) \
    .subscribe(lambda value: print(str(value)))

# 在用户按下任何按键之前保持活跃
input("Starting... Press any key to quit\n")
```

在运行 python rx_peoplelist_2.py 命令时，使用相同的协议在第二个窗口或终端执行示例，你应该得到类似如下的输出。

我们可以看到发送的名字和频数，并且每 5 秒就有一个新的 emission，而且每当我们从第一个 shell 窗口使用 `python peoplelist.py` 重新运行 `peoplelist` 程序时，这个值就会发生变化。结果很好！

最后，在 rx_peoplelist_3.py 文件中，我们重用了大部分代码，以显示上一个示例的一个变体（只是做了一点小小的更改）：在观察者订阅之前，对 interval Observable 应用 `distinct()` 操作。该代码片段的新版本如下：

```
# 每 5 秒发送一次数据，但只是在项目发生改变的时候
Observable.interval(5000) \
    .flat_map(lambda i: frequent_firstnames_from_db(db_file)) \
    .distinct() \
    .subscribe(lambda value: print(str(value)))
```

与我们以前所做的类似，执行 `python rx_peoplelist_3.py` 时你应该得到一个类似如下的输出。

14

发现它们的不同了吗?

同样,我们可以看到名字和频数的 emission。但这一次,发生的变化更少,而且根据具体情况,你甚至可能会有这样的印象:数据的变化不会超过 10 秒。要看到更多的变化,你必须重新运行 peoplelist.py 程序,甚至重新运行多次,这样一些常用的名字的计数就可以递增。对这种行为的解释是,由于我们将 .distinct() 操作添加到 interval Observable 中,因此只有在项目发生更改时才会发出它的值。这就是为什么发出的数据更少,而且对于每个名字,我们不会两次看到相同的计数。

在这个示例系列中,我们发现 Observable 提供了一种聪明的方法来完成使用传统模式难以完成的事情,这非常好!不过,我们只是触及了表面,对于感兴趣的读者来说,这是一个探索 ReactiveX 和响应式编程的机会。

14.2   小结

这一章介绍了响应式编程中的观察者模式。

这种观察者模式的核心思想是对数据流和事件流做出反应,就像我们在自然界看到的水流一样。通过对编程语言 RxJava、RxJS、RxPY 等的扩展,在计算领域中有很多这种思想或 ReactiveX 技术的例子。像 Angular 这样的现代 JavaScript 框架是其中之一。

我们讨论了可以用于构建功能的 RxPY 示例。这些示例可以作为入门介绍,读者可以据此了解这个编程范式,并通过 RxPY 官方文档和示例以及 GitHub 上的现有代码继续自己的研究。

在下一章中,我们将介绍微服务模式和面向云的其他模式。

## 第 15 章

微服务与面向云的模式

15

传统上，致力于构建服务器端应用程序的开发人员一直在使用单个代码库并实现所有或大部分功能，同时使用常见的开发实践（如函数和类）和设计模式（如本书中所介绍的模式）。但是，随着 IT 行业的发展、经济因素以及快速上市和投资回报的压力，我们需要不断改进工程团队的实践，以确保服务器、服务交付和操作有更高的响应性和可伸缩性。我们需要学习其他有用的模式，而不仅仅是面向对象的编程模式。这一章将介绍我们探索过程的最后一部分，聚焦于**现代建筑风格的设计模式**。

近年来，工程师设计模式目录中一项主要的新内容是**微服务体系结构模式**或**微服务**。我们可以将应用程序构建为一组松散耦合的协作服务。在这种体系结构样式中，应用程序可能由诸如订单管理服务、客户管理服务等服务组成，并独立地开发和部署服务。

此外，越来越多的应用程序部署在云中（AWS、Azure、Google Cloud、Digital Ocean、Heroku 等），所以在设计应用程序时，必须预先考虑此类环境及其约束。一些新模式已经出现了，它们能帮助我们处理工作中的这些新问题。工程团队的工作方式甚至也发生了变化，因此 DevOps 团队和我们在许多软件开发和生产组织中的角色也发生了变化。有许多与云架构相关的模式，但是我们选择关注与微服务相关的几个模式：重试、断路器、旁路缓存和节流。

本章将讨论：

❏ 重试模式
❏ 断路器模式
❏ 旁路缓存模式
❏ 节流模式

15.1 微服务模式

在微服务出现之前，应用程序的开发人员一直使用单个代码库来实现所有功能。例如，前端 UI（包括表单、按钮、专门处理交互和响应的 JavaScript 代码）、应用程序逻辑（处理 UI 和数据库之间的所有数据传递），以及另一个应用程序逻辑（基于触发器或调度，在幕后执行一些异步

15

操作，如发送电子邮件通知）。甚至管理 UI，如基于 Django 的应用程序中的管理 UI，也会位于同一个应用程序中。

对于这种构建应用程序的方式，我们讨论的是**整体模型**或**使用整体架构**。

应用程序开发的整体模型是有成本的。以下是一些缺点：

❑ 由于使用单个代码库，开发团队必须同时维护整个代码库；
❑ 组织测试、复现和修复 bug 更加困难；
❑ 随着应用程序及其用户基础的增长和约束的增加，测试和部署变得难以管理。

使用**微服务模式**或**微服务**，应用程序可能包含旧的订单管理服务和客户管理服务等服务。并且，服务可以独立地开发和部署。

15.1.1　现实生活中的例子

在寻找例子时，我发现了 Eventuate™。这是一个异步微服务开发平台。它解决了微服务体系结构中固有的分布式数据管理问题，使你能够专注于业务逻辑。

eShopOnContainers 是.NET 基金会应用程序体系结构的参考应用程序之一。它被描述为一个容易启动的示例参考微服务和基于容器的应用程序。

我们还可以引用无服务器架构/计算，它具有微服务的一些特征。它的主要特点是不提供用于运行和操作的服务器资源。基本上，你可以在更细粒度的层次上拆分应用程序（使用函数），并使用无服务器的主机供应商来部署服务。这个模型吸引人的地方在于，有了这些提供商（三大提供商是 AWS Lambda、Google Cloud Functions 和 Azure Functions），理论上，你只需为使用的服务（函数的执行）付费。

15.1.2　用例

我们可以考虑几个用例，其中微服务提供了一个聪明的答案。构建至少具有一条以下所列特征的应用程序时，可以使用基于微服务体系结构的设计：

❑ 需要支持不同的客户端，包括桌面和移动客户端；
❑ 有一个供第三方使用的 API；
❑ 必须使用消息传递与其他应用程序通信；
❑ 通过访问数据库、与其他系统通信以及返回正确类型的响应（JSON、XML、HTML 甚至 PDF）来处理请求；
❑ 有对应于应用程序的不同功能区域的逻辑组件。

15.1.3 实现

让我们简要讨论一下微服务世界中的软件安装和应用程序部署。从部署单个应用程序到部署许多小型服务，意味着需要处理的事情的数量呈指数级增长。虽然单个应用服务器和很少的运行时依赖项没有什么问题，但是在迁移到微服务时，依赖项的数量将急剧增加。例如，一个服务可以从关系数据库中获益，而另一个服务则需要 ElasticSearch。可能一个服务需要使用 MySQL，而另一个服务需要使用 Redis 服务器。因此，使用微服务方法还意味着你需要使用**容器**。

多亏了 Docker，事情变得越来越简单，因为我们可以将这些服务作为容器来运行，其思想是应用程序服务器、依赖项和运行时库、编译的代码、配置等都在这些容器中。然后，你所要做的就是运行打包成容器的服务，并确保它们能够彼此通信。

你可以直接使用 Django 或 Flask 为 Web 应用程序或 API 实现微服务模式。但是，对于我们的示例，我们将使用一个名为 Nameko 的专用微服务框架。

Nameko 官网对它的描述如下：

"一个 Python 微服务框架，让服务开发人员专注于应用程序逻辑，并能增强可测试性。"

Nameko 内置了 RPC over AMQP，让服务之间能够轻松通信。它还有一个用于 HTTP 请求的简单接口。

 Nameko 与 Flask：为了编写暴露 HTTP 端点的微服务，建议使用更合适的框架，如 Flask。要使用 Flask 在 RPC 上调用 Nameko 方法，可以使用 flask_nameko，这是一个仅为 Nameko 与 Flask 互操作而构建的包装器。

就像前一章探究观察者在响应式编程中提供的可能性时一样，我们将讨论两个**服务**实现示例：

❑ 在被调用时返回人名列表的服务；
❑ 调用第一个服务并将获得的姓名添加到磁盘上的 CSV 文件中的服务。

现在，你需要使用 `pip install nameko` 命令来安装 Nameko 框架。但这还不是全部！除了 Python 环境之外，还需要一个正在运行的 RabbitMQ 服务器。在开发环境中安装 RabbitMQ 最简单的方法是，如果安装了 Docker，则运行其官方 Docker 容器。但是，也可以使用 `apt-get` 在 Linux 上安装，或者按照网站上的安装说明在 Windows 上安装。

运行以下命令，使用 Docker 启动 RabbitMQ：

```
docker run -d -p 5672:5672 -p 15672:15672 --name rabbitmq rabbitmq
```

1. 第一个例子

对于第一个示例，还需要使用 `pip install Faker` 命令安装 Faker 模块，如果还没有安装的话。

然后，使用 service_first.py 文件来包含我们所有的代码。我们马上将介绍如何使用它。

由于将使用 RPC 协议调用服务，因此需要导入 `rpc` 函数，该函数将用作装饰器来将此功能添加到服务定义中。我们还要导入 `Faker` 类。

我们当前的服务模块文件从这些导入开始：

```
from nameko.rpc import rpc
from faker import Faker
```

在 Nameko 中，服务是一个简单的类，其方法使用 @rpc 修饰，用于服务提供的**作业**。因此，我们的 `PeopleListService` 类看起来是下面这样的（好吧，现在只是框架）：

```
class PeopleListService:

    name = 'peoplelist'

    @rpc
    def populate(self):
        pass
```

我们需要添加逻辑，以使用 `Faker` 实例生成名称。下面是 `PeopleListService` 类所需的内容：

```
fake = Faker()

class PeopleListService:

    name = 'peoplelist'

    @rpc
    def populate(self, number=20):

        names = []
        for _ in range(0, number):
            n = fake.name()
            names.append(n)

        return names
```

但是，我们不会就此止步。让我们准备第二个文件 test_service_first.py，它帮助我们测试服务。我们将使用 Nameko 的 `nameko.testing.services` 来访问和运行服务。

可以使用以下代码进行测试：

```
from nameko.testing.services import worker_factory
from service_first import PeopleListService

def test_people():
    service_worker = worker_factory(PeopleListService)
    result = service_worker.populate()
    for name in result:
        print(name)

if __name__ == "__main__":
    test_people()
```

在运行它之前，我们需要启动服务。为此，打开一个新的终端或 shell 窗口，并通过运行
nameko run service_first 命令来使用 Nameko 命令行接口。注意，你正在运行前面指导的
安装所提供的 Nameko 脚本，因此你必须从安装 Nameko 的 Python 安装或虚拟环境（使用
virtualenv 实用程序）运行该脚本。我的窗口输出如下，显示服务已经启动。

```
starting services: peoplelist
Connected to amqp://guest:**@127.0.0.1:5672//
```

接下来，在另一个窗口中，从正确的 Python 安装（安装 Nameko 和 Faker 的地方）再次通
过 python test_service_first.py 命令运行测试代码。你将得到类似如下的输出。

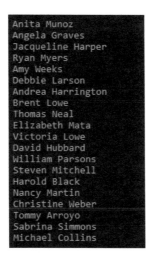

```
Anita Munoz
Angela Graves
Jacqueline Harper
Ryan Myers
Amy Weeks
Debbie Larson
Andrea Harrington
Brent Lowe
Thomas Neal
Elizabeth Mata
Victoria Lowe
David Hubbard
William Parsons
Steven Mitchell
Harold Black
Nancy Martin
Christine Weber
Tommy Arroyo
Sabrina Simmons
Michael Collins
```

这太容易了！当然，第一个示例的服务逻辑很简单。但是，让我们看看如何在它的基础上做
一些更有趣的实验。

2. 第二个例子

在第二个示例中，让我们重用 toy 服务的概念，该服务帮助生成人员列表。但是，现在我们
想要人们的名字、姓氏和地址。然后，我们将拥有第二个服务，其依赖于第一个服务来调用它，

15

以获取人员列表，再将该列表保存到磁盘上。因为服务 B 依赖于服务 A，所以我们将使用 Nameko 提供的 RpcProxy 类，稍后你就会看到。数据将使用 csv 来保存。

因此，正如你可能猜到的，我们在 service_second.py 代码文件的开头导入以下模块：

```
from nameko.rpc import rpc, RpcProxy
from faker import Faker
import csv
```

然后，使用以下代码定义 PeopleListService 的新版本：

```
fake = Faker()

class PeopleListService:

    name = 'peoplelist'

    @rpc
    def populate(self, number=20):

        persons = []
        for _ in range(0, number):
            p = {'firstname': fake.first_name(),
                 'lastname': fake.last_name(),
                 'address': fake.address()}
            persons.append(p)

        return persons
```

添加 PeopleDataPersistenceService 服务类的定义：

```
class PeopleDataPersistenceService:

    name = 'people_data_persistence'
    peoplelist_rpc = RpcProxy('peoplelist')

    @rpc
    def save(self, filename):
        persons = self.peoplelist_rpc.populate(number=25)

        with open(filename, "a", newline="") as csv_file:
            fieldnames = ["firstname", "lastname", "address"]
            writer = csv.DictWriter(csv_file,
                                    fieldnames=fieldnames,
                                    delimiter=";")
            for p in persons:
                writer.writerow(p)

        return f"Saved data for {len(persons)} new people"
```

我们引入一个脚本 test_service_second.py 来测试这个实现示例。我们将导入 Nameko 的 worker_factory 和 ClusterRpcProxy 类，以及保存新的人员数据的服务类。导入部分如下：

```
from nameko.testing.services import worker_factory
from nameko.standalone.rpc import ClusterRpcProxy
from service_second import PeopleDataPersistenceService
```

我们需要使用 config 字典，以提供最小配置信息：

```
config = {'AMQP_URI': "pyamqp://guest:guest@127.0.0.1"}

def test_peopledata_persist():
    with ClusterRpcProxy(config) as cluster_rpc:
        out =
cluster_rpc.people_data_persistence.save.call_async('people.csv')
    print(out.result())
```

最后，添加以下代码，以便在以脚本形式运行文件时能够调用该函数：

```
if __name__ == "__main__":
    test_peopledata_persist()
```

让我们运行这个示例。首先，记住你需要启动服务。这可以使用 nameko run service_ second 命令来完成。（注意，你不必添加.py 后缀，否则命令的帮助将会发出抱怨并建议你不要添加。）你将看到如下输出。

```
starting services: people_data_persistence, peoplelist
Connected to amqp://guest:**@127.0.0.1:5672//
Connected to amqp://guest:**@127.0.0.1:5672//
```

接下来，在另一个窗口中，可以通过 python test_service_second.py 命令运行测试代码。你将得到类似如下的输出。

```
Saved data for 25 new people
```

除此之外，如果你在文件系统上检查，可以看到创建的 people.csv 文件。你可以多次调用该脚本，并看到它不断地将具有人员名字、姓氏和地址的新行添加到该文件中。

我们可以尝试的第三个示例是向系统的参与者发送邮件。邮件中包含人员列表和保存活动报告，并使用我们刚刚实现的两个服务进行处理。这将留给读者作为练习。

15.2　重试模式

重试是微服务和基于云的基础设施环境中需要日益增多的一种方法。在这些环境中，组件彼此协作，但不是由相同的团队开发、部署和操作的。

在日常操作中，原生云应用程序的某些部分可能经历所谓的**瞬时故障**或**失败**，这意味着一些小问题看起来像故障，但并不是由应用程序本身导致的，而是由一些在你控制之外的限制造成的，如网络或外部服务器/服务性能。因此，你的应用程序可能会出现故障（至少用户认为如此），甚

15

至在某些地方挂起。这种失败风险的解决方案是设置一些重试逻辑，这样我们就可以通过再次调用服务来解决问题，可能是立即调用，也可能是在等待一段时间（比如几秒钟）之后调用。

15.2.1   现实生活中的例子

有许多实现或工具可用于你的特定情况。以下是一些例子：

- 在 Python 中，Retrying 库可以简化向函数中添加重试行为的任务；
- 面向 Go 开发者的 Pester 库；
- 在 Java 中，Spring Retry 有助于在 Spring 应用程序中使用重试模式。

15.2.2   用例

建议使用重试模式，以减轻在与外部组件或服务通信时，由于网络故障或服务器过载而识别出的**瞬时故障**的影响。

注意，不建议用重试方法来处理由应用程序逻辑本身的错误导致的内部异常等故障。

此外，我们还必须考虑和分析外部服务的响应方式。如果应用程序经常出现繁忙故障，这通常是一个信号，表明正在访问的服务存在需要解决的伸缩性问题。

15.2.3   实现

让我们看一些容易复制的示例，了解重试模式如何帮助改进一个与外部服务通信并经历了瞬时故障的应用程序。

1. 第一个例子

在第一个示例中，我们假设要使用两个不同的程序（可能是服务）编写和更新文件。我们将（在 retry_write_file.py 文件中）实际创建一个而不是两个脚本。我们可以传入一个参数来调用它，并发出指令：**创建文件**（第一步）或**更新它**。

我们需要导入一些模块，如下所示：

```
import time
import sys
import os
```

使用 time.sleep(after_delay)定义一个函数，用于在某个延迟之后创建文件，如下所示：

```
def create_filo(filename, after_delay=5):
    time.sleep(after_delay)

    with open(filename, 'w') as f:
        f.write('A file creation test')
```

接下来，定义一个函数。一旦文件被创建，该函数将帮助向文件追加一些文本，如下所示：

```
def append_data_to_file(filename):

    if os.path.exists(filename):
        with open(filename, 'a') as f:
            f.write(' ...Updating the file')
    else:
        raise OSError
```

在代码的主体部分中，我们根据命令行中传递的内容使用正确的函数。另外，我们在 try / except 循环和 while 循环中调用 append_data_to_file() 函数，这样程序就会一直尝试更新文件，直到创建这个文件为止。该部分的代码如下所示。在它的前面声明了文件名称的全局变量（'file1.txt'）。

```
FILENAME = 'file1.txt'

if __name__ == "__main__":
    args = sys.argv

    if args[1] == 'create':
        create_file(FILENAME)
        print(f"Created file '{FILENAME}'")
    elif args[1] == 'update':
        while True:
            try:
                append_data_to_file(FILENAME)
                print("Success! We are done!")
                break
            except OSError as e:
                print("Error... Try again")
```

要测试它，需要打开两个不同的终端（或 cmd 命令窗口）。在一个窗口中，运行 python retry_write_file.py create 命令。紧接着，在第二个窗口中运行 python retry_write_file.py update 命令（立即执行）。对于每个命令，你应该会看到类似如下的输出。

```
Created file 'file1.txt'
```

它起作用了！我们在这个脚本中看到的是重试模式的一个简单但有效的实现。

2. 第二个例子（使用第三方模块）

实际上有一个名为 retrying 的库，可用于将重试行为添加到应用程序的各个部分。让我们将其用于与第一个示例类似的实现。

首先，确保使用 pip install retry 命令安装 retrying。

在代码的开始部分，需要导入一些模块。

```
import time
import sys
import os
from retrying import retry
```

我们重用相同的函数来创建文件。实际上，你可以将其外部化到一个公共函数模块中，如果需要的话，可以从该模块导入它。为了清楚起见，我们在这里重复一下。

```
def create_file(filename, after_delay=5):
    time.sleep(after_delay)

    with open(filename, 'w') as f:
        f.write('A file creation test')
```

我们还为 append data 部分使用了稍微不同的函数，并使用从 retrying 导入的 retry 装饰器对其进行修饰。

```
@retry
def append_data_to_file(filename):

    if os.path.exists(filename):
        print("got the file... let's proceed!")
        with open(filename, 'a') as f:
            f.write(' ...Updating the file')
        return "OK"
    else:
        print("Error: Missing file, so we can't proceed. Retrying...")
        raise OSError
```

代码的最后一部分几乎与我们第一次实现中的代码完全相同。

```
FILENAME = 'file2.txt'

if __name__ == "__main__":
    args = sys.argv

    if args[1] == 'create':
        create_file(FILENAME)
        print(f"Created file '{FILENAME}'")
    elif args[1] == 'update':
        while True:
            out = append_data_to_file(FILENAME)
            if out == "OK":
                print("Success! We are done!")
                break
```

让我们像第一个例子一样使用两个命令来测试它：python retry_write_file_retrying_module.py create 和 python retry_write_file_retrying_module.py update。我得到的输出如下。

```
Created file 'file2.txt'
```

15

如你所见，这个示例同样能起作用，并且 `retrying` 库非常方便。它有许多选项，你可以通过查看它的文档了解这些选项。另外，有一个名为 Tenacity 的分支，可以作为另一种选择。

3. 第三个例子（使用另一个第三方模块）

第三个示例使用 tenacity 模块。由于 retrying 模块已经不再维护并且存在过时的风险，让我们看看另一个例子，我们将在其中使用它的分支 tenacity。我们需要使用 `pip install tenacity` 命令添加模块。另外，前一个示例中的代码应该在几个位置进行更新。下面来看看。

我们将 `retrying` 模块导入替换为 `tenacity` 模块导入，如下所示：

```
import tenacity
```

替换装饰器：

```
@tenacity.retry
def append_data_to_file(filename):
    # 可能引起异常的代码
```

使用 retry_write_file_tenacity_module.py 文件中的新版本代码进行测试，应该会得到与这个断路器实现讨论的第二个示例相同的结果。

但不要就此打住。你可以使用一些参数来调整重试策略，比如固定等待（在两次重试之间等待一个固定的时间）或指数退避（随着时间的推移，以增量的方式增加重试之间的时间）。

第一个改进是添加一个等待，例如，在重试之前等待 2 秒。为此，只需将函数的装饰器更改为：

```
@tenacity.retry(wait=tenacity.wait_fixed(2))
def append_data_to_file(filename):
    # 可能引起异常的代码
```

在这个更改之后再次测试整个事件时，我们可以确认行为是符合预期的：重试已经完成，只是每次重试后都有 2 秒的间隔。

对于指数退避，可以使用以下代码进行设置：

```
@tenacity.retry(wait=tenacity.wait_exponential())
def append_data_to_file(filename):
    # 可能引起异常的代码
```

同样，快速测试可以确认实现的有效性。对于我们调用的 API 和远程服务以及此类故障可能发生的地方，指数退避是一个明智的好答案。等待时间的增加提供了一个从远程端获取结果的机会，如果我们在多次尝试后仍未获得回应，服务器及时回应的概率就会减小，所以我们不要浪费过多资源调用它。

如你所见，通过向服务中添加容错行为，有许多构建服务的可能性。

15.3　断路器模式

正如我们刚刚看到的，容错机制包括超时和重试。但是，当由于与外部组件的通信而导致的失败可能会持续很长时间时，使用重试机制会影响应用程序的响应能力。试图重复一个很可能失败的请求是在浪费时间和资源。这时**断路器**模式就能派上用场了。

使用断路器，你可以将脆弱的函数调用（或与外部服务的集成点）包装在一个特殊的断路器对象中，用于监视故障。一旦故障达到某一阈值，断路器会**跳闸**，所有对断路器的进一步调用都会返回错误，根本不进行保护调用。

15.3.1　现实生活中的例子

在生活中，我们可以想象一个水或电的分配线路。

在软件领域中，也有一些例子。

❑ Pybreaker，一个 Python 库。
❑ Hystrix，一个来自 Netflix 的复杂工具，用于处理分布式系统的延迟和容错。
❑ Jrugged，一个 Java 库。

15.3.2　用例

如前所述，当你需要系统中的某个组件在与外部组件、服务或资源通信时能够容错以应对长

15

期故障时，建议使用断路器模式。

下面，我们将了解如何处理这些用例。

15.3.3　实现

我们将使用 pybreaker 库。你可以通过 pip install pybreaker 命令将其安装到 Python 中。

假设你想在一个不稳定的函数（例如，它所依赖的网络环境很脆弱）上使用断路器。

我们的实现灵感来自于我在 pybreaker 库中找到的一个很好的脚本，我们将对其进行调整。

下面是模拟脆弱调用的函数：

```
def fragile_function():
    if not random.choice([True, False]):
        print(' / OK', end='')
    else:
        print(' / FAIL', end='')
        raise Exception('This is a sample Exception')
```

让我们定义自己的断路器，在连续五次故障后自动打开电路。我们需要创建一个断路器类的实例，如下所示：

```
breaker = pybreaker.CircuitBreaker(fail_max=2, reset_timeout=5)
```

然后，使用装饰器语法来保护它。新函数如下：

```
@breaker
def fragile_function():
    if not random.choice([True, False]):
        print(' / OK', end='')
    else:
        print(' / FAIL', end='')
        raise Exception('This is a sample Exception')
```

假设此时你希望执行对该函数的调用（但你不需要这样做），为此需要添加以下内容：

```
while True:
    fragile_function()
```

在执行脚本时，程序将在出现异常时停止，并显示错误消息“Exception:This is a sample Exception”（如果再次尝试，将继续得到该错误）。每次调用都会引发异常，所以程序什么都做不了。事实上，保护措施尚未到位。还差一些东西。

我们需要捕获代码主体中的异常，以便整个程序按预期工作。为了触发断路器，下面是我们需要添加的真实的代码：

```
if __name__ == "__main__":

    while True:
        print(datetime.now().strftime('%Y-%m-%d %H:%M:%S'), end='')

        try:
            fragile_function()
        except Exception as e:
            print(' / {} {}'.format(type(e), e), end='')
        finally:
            print('')
            sleep(1)
```

让我们重述一下这个例子的全部代码（在 circuit_breaker.py 文件中），以便了解所有步骤。

❑ 导入所需模块。

```
import pybreaker
from datetime import datetime
import random
from time import sleep
```

❑ 设置断路器。

```
breaker = pybreaker.CircuitBreaker(fail_max=2, reset_timeout=5)
```

❑ 接下来，添加脆弱的函数，并用 @breaker 装饰。
❑ 最后，添加主函数（脆弱函数的保护调用也在其中）。

通过运行 python circuit_breaker.py 命令调用脚本，产生如下输出。

```
2018-08-20 12:06:01 / OK
2018-08-20 12:06:02 / OK
2018-08-20 12:06:03 / OK
2018-08-20 12:06:04 / FAIL / <class 'Exception'> This is a sample Exception
2018-08-20 12:06:05 / OK
2018-08-20 12:06:06 / FAIL / <class 'Exception'> This is a sample Exception
2018-08-20 12:06:07 / FAIL / <class 'pybreaker.CircuitBreakerError'> Failures threshold reached, circuit breaker opened
2018-08-20 12:06:08 / <class 'pybreaker.CircuitBreakerError'> Timeout not elapsed yet, circuit breaker still open
2018-08-20 12:06:09 / <class 'pybreaker.CircuitBreakerError'> Timeout not elapsed yet, circuit breaker still open
2018-08-20 12:06:10 / <class 'pybreaker.CircuitBreakerError'> Timeout not elapsed yet, circuit breaker still open
2018-08-20 12:06:11 / <class 'pybreaker.CircuitBreakerError'> Timeout not elapsed yet, circuit breaker still open
2018-08-20 12:06:12 / FAIL / <class 'pybreaker.CircuitBreakerError'> Trial call failed, circuit breaker opened
2018-08-20 12:06:13 / <class 'pybreaker.CircuitBreakerError'> Timeout not elapsed yet, circuit breaker still open
2018-08-20 12:06:14 / <class 'pybreaker.CircuitBreakerError'> Timeout not elapsed yet, circuit breaker still open
2018-08-20 12:06:15 / <class 'pybreaker.CircuitBreakerError'> Timeout not elapsed yet, circuit breaker still open
2018-08-20 12:06:16 / <class 'pybreaker.CircuitBreakerError'> Timeout not elapsed yet, circuit breaker still open
2018-08-20 12:06:17 / OK
2018-08-20 12:06:18 / FAIL / <class 'Exception'> This is a sample Exception
2018-08-20 12:06:19 / OK
2018-08-20 12:06:20 / FAIL / <class 'Exception'> This is a sample Exception
2018-08-20 12:06:21 / OK
2018-08-20 12:06:22 / OK
2018-08-20 12:06:23 / FAIL / <class 'Exception'> This is a sample Exception
2018-08-20 12:06:24 / OK
2018-08-20 12:06:25 / FAIL / <class 'Exception'> This is a sample Exception
2018-08-20 12:06:26 / FAIL / <class 'pybreaker.CircuitBreakerError'> Failures threshold reached, circuit breaker opened
2018-08-20 12:06:27 / <class 'pybreaker.CircuitBreakerError'> Timeout not elapsed yet, circuit breaker still open
2018-08-20 12:06:28 / <class 'pybreaker.CircuitBreakerError'> Timeout not elapsed yet, circuit breaker still open
2018-08-20 12:06:29 / <class 'pybreaker.CircuitBreakerError'> Timeout not elapsed yet, circuit breaker still open
2018-08-20 12:06:30 / <class 'pybreaker.CircuitBreakerError'> Timeout not elapsed yet, circuit breaker still open
2018-08-20 12:06:31 / OK
```

15

仔细观察输出，可以看到断路器的运作符合预期。

(1) 当它打开时，所有 `fragile_function()` 调用都会立即失败（因为它们会引发 `Circuit-BreakerError` 异常），而不会尝试执行预期的操作。

(2) 在超时 5 秒后，断路器将允许下一个调用通过。如果调用成功，电路将关闭；如果失败，则再次打开电路，直到另一个超时结束。

15.4 旁路缓存模式

在数据读取比更新更频繁的情况下，应用程序可以使用缓存来优化对存储在数据库或数据存储中的信息的重复访问。在某些系统中，这种类型的缓存机制是内置的，可以自动运转。否则，我们必须在应用程序中自己实现它，并使用适合特定用例的缓存策略。

其中一种策略叫作**旁路缓存**。引用微软文档中关于云原生模式的描述，我们执行以下操作：

"根据需要将数据从数据存储加载到缓存中以提高性能，同时维护缓存中保存的数据与底层数据存储中的数据之间的一致性。"

15.4.1 现实生活中的例子

Memcached 通常用作缓存服务器。它是一种流行的基于内存的**键值**对存储器，用于存储来自数据库调用、API 调用或 HTML 页面内容结果的小块数据。Redis 是另一种用于相同目的的服务器解决方案。

根据文档网站，亚马逊的 ElastiCache 是一种 Web 服务，它使得在云中设置、管理和扩展分布式内存中的数据存储或缓存环境变得非常容易。

15.4.2 用例

对于不经常更改的数据和不依赖于存储中一组条目（多个键）的一致性的数据存储，旁路缓存模式非常有用。例如，它可能适用于某些类型的文档存储，其中键永远不会更新，偶尔会删除文档，但是对于继续提供一段时间的文档没有强烈的需求（直到刷新缓存）。

此外，根据文档，我们可以（从微软）发现，这种模式可能不适用于缓存数据集是静态的情况，也不适用于在托管在 Web 农场中的 Web 应用程序中缓存会话状态信息。

15.4.3 实现

实现旁路模式所需的步骤（涉及数据库和缓存）总结如下。

❑ **第一种情况**：当需要获取数据项时，如果在缓存中找到该数据项，则从缓存中返回。如果在缓存中没有找到，则从数据库中读取数据。将读取项放入缓存并返回它。

❑ **第二种情况**：更新数据项时，在数据库中写入该项，并从缓存中删除相应的项。

让我们尝试使用一个包含引用语（quote）的数据库的简单实现，用户可以请求通过应用程序从中检索一些引用。这里的重点是实现第一种情况。

下面是为了这个实现需要在机器上安装的其他软件依赖项。

❑ 我们将使用 SQLite 3 数据库，因为它在大多数操作系统上易于安装，并且我们可以使用 Python 的标准模块 sqlite3 查询 SQLite 数据库。

❑ 我们将使用 CSV 文件来模拟根据需要向缓存加载数据和从缓存读取数据，而不是使用具有真正缓存功能的系统，如 Memcached 或 Redis。这样，我们将有一个工作的实现，而不需要安装额外的软件组件。

我们将使用一个脚本（populate_db.py）来处理数据库的创建、引用表，并向其中添加示例数据。我们还会再次使用 Faker 来生成在填充数据库时将使用的虚假引用（用于快速实验）。

首先，导入所需模块并创建 Faker 实例。

```python
import sys
import sqlite3
import csv
from random import randint
from faker import Faker

fake = Faker()
```

然后，编写一个函数来负责数据库的设置。

```python
def setup_db():

    try:
        db = sqlite3.connect('data/quotes.sqlite3')

        # 获取游标对象
        cursor = db.cursor()
        cursor.execute('''
            CREATE TABLE quotes(id INTEGER PRIMARY KEY, text TEXT)
        ''')

        db.commit()
    except Exception as e:
        print(e)
    finally:
        db.close()
```

接下来，定义一个中心函数，负责根据句子或文本片段列表添加一组新的引用。在不同的内容中，我们将引用**标识符**与数据库表中 id 列的引用相关联。简单起见，我们使用 quote_id =

randint(1,100)随机选择一个数字。add_quotes()函数的定义如下所示：

```
def add_quotes(quotes_list):
    quotes = []
    try:
        db = sqlite3.connect('data/quotes.sqlite3')

        cursor = db.cursor()

        quotes = []
        for quote_text in quotes_list:
            quote_id = randint(1, 100)
            quote = (quote_id, quote_text)
            try:
                cursor.execute('''INSERT INTO quotes(id, text) VALUES(?,
?)''', quote)
                quotes.append(quote)
            except Exception as e:
                print(f"Error with quote id {quote_id}: {e}")
        db.commit()
    except Exception as e:
        print(e)
    finally:
        db.close()

    return quotes
```

最后，添加 main 函数，它实际上有几个部分。我们需要使用命令行参数解析，并注意如下问题。

❏ 如果传递 init 参数，则调用 setup_db()函数。
❏ 如果传递 update_db_and_cache 参数，则将引用注入数据库，并将它们添加到缓存中。
❏ 如果传递 update_db_only 参数，则只在数据库中注入引用。

main()函数的代码如下：

```
def main():
    args = sys.argv

    if args[1] == 'init':
        setup_db()

    elif args[1] == 'update_db_and_cache':
        quotes_list = [fake.sentence() for _ in range(1, 11)]
        quotes = add_quotes(quotes_list)
        print("New (fake) quotes added to the database:")
        for q in quotes:
            print(f"Added to DB: {q}")

        # 使用该内容填充缓存
        with open('data/quotes_cache.csv', "a", newline="") as csv_file:
            writer = csv.DictWriter(csv_file,
```

```
                                        fieldnames=['id', 'text'],
                                        delimiter=";")
                for q in quotes:
                    print(f"Adding '{q[1]}' to cache")
                    writer.writerow({'id': str(q[0]), 'text': q[1]})

    elif args[1] == 'update_db_only':
        quotes_list = [fake.sentence() for _ in range(1, 11)]
        quotes = add_quotes(quotes_list)
        print("New (fake) quotes added to the database ONLY:")
        for q in quotes:
            print(f"Added to DB: {q}")
```

我们像往常一样调用 main 函数，如下所示：

```
if __name__ == "__main__":
    main()
```

这一部分已经完成，我们将为旁路缓存相关的操作（在 cache_aside.py 文件中）创建另一个
模块和脚本。

导入几个新模块：

```
import sys
import sqlite3
import csv
```

添加一个全局变量 cache_key_prefix，我们将在几个地方使用这个值。

```
cache_key_prefix = "quote"
```

接下来，通过提供其 get() 和 set() 方法来定义缓存容器对象 QuoteCache。

```
class QuoteCache:

    def __init__(self, filename=""):
        self.filename = filename

    def get(self, key):
        with open(self.filename) as csv_file:
            items = csv.reader(csv_file, delimiter=';')
            for item in items:
                if item[0] == key.split('.')[1]:
                    return item[1]

    def set(self, key, quote):
        existing = []
        with open(self.filename) as csv_file:
            items = csv.reader(csv_file, delimiter=';')
            existing = [cache_key_prefix + "." + item[0] for item in items]

        if key in existing:
            print("This is weird. The key already exists.")
        else:
```

```
# 保存新数据
with open(self.filename, "a", newline="") as csv_file:
    writer = csv.DictWriter(csv_file,
                            fieldnames=['id', 'text'],
                            delimiter=";")
    writer.writerow({'id': key.split('.')[1], 'text': quote})
```

我们可以创建缓存对象:

```
cache = QuoteCache('data/quotes_cache.csv')
```

接下来,定义 get_quote() 函数以通过标识符获取引用:如果我们在缓存中没有找到引用,则查询数据库来获取它,并在返回之前将结果放入缓存中。

```
def get_quote(quote_id):
    quote = cache.get(f"quote.{quote_id}")
    out = ""

    if quote is None:
        try:
            db = sqlite3.connect('data/quotes.sqlite3')
            cursor = db.cursor()
            cursor.execute(f"SELECT text FROM quotes WHERE id = {quote_id}")
            for row in cursor:
                quote = row[0]
            print(f"Got '{quote}' FROM DB")
        except Exception as e:
            print(e)
        finally:
            # 关闭数据库连接
            db.close()

        # 将其加入缓存
        key = f"{cache_key_prefix}.{quote_id}"
        cache.set(key, quote)

    if quote:
        out = f"{quote} (FROM CACHE, with key 'quote.{quote_id}')"

    return out
```

最后,在脚本的主要部分中,我们要求用户输入一个引用标识符,并调用 get_quote() 来获取引用。

```
if __name__ == "__main__":
    args = sys.argv

    if args[1] == 'fetch':
        while True:
            quote_id = input('Enter the ID of the quote: ')
            q = get_quote(quote_id)
            if q:
                print(q)
```

让我们用以下步骤测试脚本。

首先，调用 python populate_db.py init，我们可以看到 quotes.sqlite3 文件是在 data 文件夹中创建的，因此可以得出这样的结论：数据库已被创建，其中包含了引用表。

然后，调用 `python populate_db.py update_db_and_cache`，将得到如下输出。

```
Error with quote id 99: UNIQUE constraint failed: quotes.id
New (fake) quotes added to the database:
Added to DB: (76, 'Family card magazine should manage so.')
Added to DB: (48, 'Eight realize third commercial feeling soldier fund.')
Added to DB: (83, 'Establish assume decide myself second increase bar.')
Added to DB: (62, 'Society practice Mrs music admit likely.')
Added to DB: (87, 'Management girl technology summer.')
Added to DB: (99, 'Assume realize fly six.')
Added to DB: (82, 'Account me play figure chance.')
Added to DB: (42, 'Congress cause suffer join either foot.')
Added to DB: (5, 'As for continue collection.')
Adding 'Family card magazine should manage so.' to cache
Adding 'Eight realize third commercial feeling soldier fund.' to cache
Adding 'Establish assume decide myself second increase bar.' to cache
Adding 'Society practice Mrs music admit likely.' to cache
Adding 'Management girl technology summer.' to cache
Adding 'Assume realize fly six.' to cache
Adding 'Account me play figure chance.' to cache
Adding 'Congress cause suffer join either foot.' to cache
Adding 'As for continue collection.' to cache
```

我们还可以调用 `python populate_db.py update_db_only`。在这种情况下，会得到如下输出。

```
Error with quote id 83: UNIQUE constraint failed: quotes.id
Error with quote id 6: UNIQUE constraint failed: quotes.id
New (fake) quotes added to the database ONLY:
Added to DB: (67, 'Lawyer technology about who matter create.')
Added to DB: (91, 'Reveal conference these get.')
Added to DB: (21, 'Land talk similar card service.')
Added to DB: (6, 'Soldier pull see rate industry among lay.')
Added to DB: (11, 'Check new mention break.')
Added to DB: (31, 'Born nearly cultural tax drop probably later.')
Added to DB: (100, 'Try size on change upon.')
Added to DB: (33, 'Street mention religious pretty chair mind.')
```

接下来，调用 `python cache_aside.py fetch`。我们被要求输入一个数字以获取匹配的引用。下面是不同的输入值得到的不同输出。

```
Enter the ID of the quote: 42
Congress cause suffer join either foot. (FROM CACHE, with key 'quote.42')
Enter the ID of the quote: 87
Management girl technology summer. (FROM CACHE, with key 'quote.87')
Enter the ID of the quote: 21
Got 'Land talk similar card service.' FROM DB
Land talk similar card service. (FROM CACHE, with key 'quote.21')
Enter the ID of the quote: 100
Got 'Try size on change upon.' FROM DB
Try size on change upon. (FROM CACHE, with key 'quote.100')
Enter the ID of the quote: 31
Got 'Born nearly cultural tax drop probably later.' FROM DB
Born nearly cultural tax drop probably later. (FROM CACHE, with key 'quote.31')
Enter the ID of the quote:
```

15

因此，每当我输入一个标识符号，并且该标识符号与仅存储在数据库中的引用相匹配（如前面的输出所示）时，特定的输出就会显示，在从缓存（即立即添加的位置）返回数据之前，首先从数据库获取数据。我们可以通过查看 quotes_cache.csv 文件的内容来确认这一点。

我们可以看到，事情如预期的那样发展。旁路缓存实现的**更新**部分（在数据库中写入项并从缓存中删除相应的条目）留给你尝试。你可以添加一个 update_quote() 函数，用于在传递 quote_id 时更新引用，并在使用 python cache_aside.py 命令时调用它。

15.5 节流模式

节流是我们在当今的应用程序、服务和 API 中可能需要使用的另一种模式。节流限制用户在给定时间内可发送到给定 Web 服务的请求数量，以避免服务的资源被某些用户过度使用。

例如，我们可能希望将 API 的用户请求数量限制为每天 1000 个。一旦达到这个限制，下一个请求将通过向用户发送带有 429 HTTP 状态码的错误消息来处理，该错误消息带有诸如请求过多之类的消息。

关于节流有许多事情需要了解，包括可以使用的限制策略和算法以及如何使用服务。

你可以在微软的云设计模式目录中找到有关节流模式的技术细节。

15.5.1 现实生活中的例子

由于这是 Restful API 的一个重要特性，因此框架有内置的支持或第三方模块来实现节流。以下是一些例子：

❑ Django-Rest-Framework 中的内置支持；
❑ Django-throttle-requests 框架，用于为 Django 项目实现特定于应用程序的限速中间件；
❑ flask-limiter 为 Flask 路由提供限速特性。

大型云服务提供商也提供节流服务，如 AWS API 网关。

15.5.2 用例

当你需要确保系统按预期持续交付服务、需要优化服务的使用成本，或者需要处理活动中的突发事件时，建议使用此模式。

在实践中，你可以遵循以下规则：

❑ 将 API 的总访问量限制在 N 次/天（例如，$N = 1000$）；
❑ 将来自特定 IP 地址、国家或地区的 API 访问量限制在 N 次/天；
❑ 限制已验证用户的读写次数。

15.5.3 实现

在深入研究实现示例之前，你需要知道实际上有不同类型的节流，比如速率限制、IP 级别限制（例如基于白名单的 IP 地址）和并发连接限制等，其中前两个相对容易试验。我们先来看第一个。

让我们看一个使用 Flask 应用程序的速率限制类型节流的示例。要在开发机器上运行最小的 Flask 应用程序，必须使用 `pip install flask` 命令将 Flask 添加到 Python 环境中。然后使用 `pip install flask-limiter` 命令添加 Flask-Limiter 扩展。

像往常一样，我们使用以下两行代码设置 Flask 应用程序。

```
from flask import Flask
app = Flask(__name__)
```

然后定义 Limiter 实例。我们通过传递应用程序对象、一个关键函数 `get_remote_address`（imported from flask_limiter.util）和默认的限值来创建它。

```
limiter = Limiter(
  app,
  key_func=get_remote_address,
  default_limits=["100 per day", "10 per hour"]
)
```

在此基础上，我们可以定义一个 route /limited，它将使用默认限制来限制速率。

```
@app.route("/limited")
def limited_api():
  return "Welcome to our API!"
```

现在，为了让示例正常工作，不要忘记放在文件开头的导入模块。

```
from flask import Flask
from flask_limiter import Limiter
from flask_limiter.util import get_remote_address
```

此外，我们在文件的末尾添加了以下代码片段，以确保在使用 Python 可执行文件调用文件时能够成功执行。

```
if __name__ == "__main__":
    app.run(debug=True)
```

为了运行示例 Flask 应用程序，我们使用 `python throttling_in_flaskapp.py` 命令，并得到如下输出。

15

```
* Serving Flask app "throttling_in_flaskapp" (lazy loading)
* Environment: production
  WARNING: Do not use the development server in a production environment.
  Use a production WSGI server instead.
* Debug mode: on
* Restarting with stat
* Debugger is active!
* Debugger PIN: 244-225-855
* Running on http://127.0.0.1:5000/ (Press CTRL+C to quit)
```

如果你用浏览器打开http://127.0.0.1:5000/limited，将看到页面中显示如下欢迎内容。

如果你一直点击刷新按钮，它会变得非常有趣。第 10 次，页面内容会发生变化，显示 Too Many Requests 错误信息，截图如下。

不要就此打住。为了完成我们的示例，可以添加另一个路由/more_limited，其具体限制为每分钟两个请求。

```
@app.route("/more_limited")
@limiter.limit("2/minute")
def more_limited_api():
    return "Welcome to our expensive, thus very limited, API!"
```

顺便说一下，你可能希望看到 Flask 应用程序示例（throttling_in_flaskapp.py 文件）的完整代码。

```
from flask import Flask
from flask_limiter import Limiter
from flask_limiter.util import get_remote_address
from flask import Flask
app = Flask(__name__)
limiter = Limiter(
    app,
    key_func=get_remote_address,
    default_limits=["100 per day", "10 per hour"]
```

```
)
@app.route("/limited")
def limited_api():
  return "Welcome to our API!"
@app.route("/more_limited")
@limiter.limit("2/minute")
def more_limited_api():
  return "Welcome to our expensive, thus very limited, API!"
if __name__ == "__main__":
app.run(debug=True)
```

现在，回过头来测试我们添加的第二个路由。因为 Flask 应用程序是在调试模式下运行的（多亏了 app.run(debug=True)调用），所以没有其他事情可做。当我们更新代码时，文件会自动重新加载。因此，包含第二个路由的新版本已经上线。

要测试它，请将浏览器指向http://127.0.0.1:5000/more_limited。你将看到如下这样一个新的欢迎内容显示在页面上。

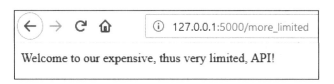

如果点击刷新按钮，并在 1 毫秒的时间内在窗口中点击两次以上，我们会得到另外一个 Too Many Requests 消息，截图如下。

在 Flask 应用程序中，使用 Flask-limiter 扩展的速率限制类型节流的可能性有许多，你可以在该模块的文档页面中看到这一点。Flask-Limiter 实际上基于一个名为 limits 的专用库。读者可以通过该库的文档页面，详细了解如何为特定实现使用不同的策略和存储后端（如 Redis 或 Memcached）。

15.6 小结

本章介绍了微服务架构模式，其思想是将应用程序分割为一组松散耦合的协作服务，以及一些有助于在项目上下文中使用它的实践和框架。

15

使用微服务的优点之一是，开发团队可以更容易地在实现、软件组件和部署上进行协作。各服务可以独立地开发和部署。

目前，在软件或应用程序开发和部署中使用这类模式的例子越来越多，它们来自技术供应商、云服务提供商以及内部 DevOps 专家。

我们使用 Nameko 微服务框架研究了一些非常小但具有指导意义的示例，其中包括在过去三四年中获得关注的框架的示例之一，该框架强调测试我们构建的服务，并为此提供工具。

然后介绍了重试机制，这是一种用于容错的策略，适用于调用可能失败，但如果尝试更多次，调用可能成功的情况。在云原生和微服务架构时代，我们对这些技术的需要越来越大。在 Java、Python 和 Go 等语言中有几个开源库实现了重试机制，我们可以通过遵循它们的 API 来使用它们。我们学习了一个例子，并尝试自己实现，还使用重试库实现了一个例子。

断路器是容错的另一种方法，它能在一个子系统发生故障时，使系统继续运行。这是通过用一个组件包装脆弱的操作来实现的，该组件可以在系统不健康时绕过可能会造成问题的调用。在 Python 中，我们可以使用 PyBreaker 库在应用程序中添加断路器。我们用一个示例展示了基于 PyBreaker 的断路器如何帮助保护一个脆弱的函数（出于演示目的编写的），这是典型应用程序的一部分。

我们还讨论了旁路缓存模式。在严重依赖从数据存储访问数据的应用程序中，使用旁路缓存模式可以通过缓存读取数据存储中的数据以提高性能。我们用一个示例展示了如何使用旁路缓存模式来通过用例的缓存部分从数据存储中获取数据，同时将向数据存储更新数据作为练习留给读者。

本章最后介绍了节流模式。我们采用了速率限制类型的节流技术，这种技术用于控制用户使用 Web 服务的方式，并确保服务不会因某个特定的租户而不堪重负。这是通过使用 Flask 及其扩展 Flask-Limiter 来演示的。

本书内容到此就结束了。希望你喜欢本书。在告别之前，我想引用 Alex Martelli 的话来提醒你：“设计模式是被发现的，而不是被发明的。”Alex Martelli 是 Python 的一位重要贡献者。

TURING

图灵教育

站在巨人的肩上

Standing on the Shoulders of Giants

TURING
图灵教育

站在巨人的肩上
Standing on the Shoulders of Giants